Elektromagnetische Verträglichkeit

VDE-Bezirksverein Frankfurt am Main
Arbeitsgemeinschaft vom 4. 11. bis 25. 11. 1991
Herausgegeben von Dr.-Ing. Hans-Josef Forst

vde-verlag gmbh · Berlin · Offenbach

Lektor: Dipl.-Ing. (Univ.) Roland Werner

Die Deutsche Bibliothek – CIP-Einheitsaufnahme

Elektromagnetische Verträglichkeit:
Arbeitsgemeinschaft vom 4.11. bis 25.11.1991/VDE-
Bezirksverein Frankfurt am Main, Hrsg. Hans-Josef Forst.
– Berlin; Offenbach: vde-verlag, 1991
  ISBN 3-8007-1804-9
NE: Forst, Hans-Josef [Hrsg.]; Verband Deutscher Elektrotechniker/
    Bezirksverein ⟨Frankfurt, Main⟩

ISBN 3-8007-1804-9

© 1991 vde-verlag gmbh, Berlin und Offenbach
         Bismarckstraße 33, D-1000 Berlin 12

Alle Rechte vorbehalten

Druck: Oskar Zach GmbH & Co., Berlin

Einführung

Dipl.-Ing. *Uwe Jaenke*, Siemens AG, Frankfurt a.M.

Der Begriff der Elektromagnetischen Verträglichkeit, abgekürzt EMV, ist in den letzten Jahrzehnten immer häufiger aufgefallen. Dies hängt mit der zunehmenden Nutzung elektromagnetischer Einrichtungen und Anlagen zusammen. Lange bevor die Menschen im vorigen Jahrhundert erstmals elektrischen Strom erzeugten und nutzbar machen konnten, wurde das Leben auf der Erde von Phänomenen betroffen, die man heute zum Themenkreis elektromagnetischer Verträglichkeit zählt.
Schon vor Jahrmillionen entluden Blitze elektrische Energie unvorstellbarer Größenordnungen und veränderten zum Beispiel durch entstehende Brände ganze Landstriche. In seiner frühen Zeit war der Mensch aufgrund fehlender Erkenntnisse und Werkzeuge diesen Naturgewalten relativ schutzlos ausgeliefert. Heute ist man durchaus in der Lage, Gebäude und Anlagen entsprechend zu schützen.
Ein anderes Phänomen, das heute zur EMV gezählt wird, begleitet die Menschheit auch schon sehr lange. Zog sich zum Beispiel zur Zeitenwende ein Hirte seinen Schafwollpullover abends über den Kopf, so konnte es passieren, daß ihm nicht nur die Haare zu Berge standen, sondern es konnte dazu kommen, daß tausende kleiner Fünkchen zwischen der Wolle des Pullovers und dem Haar sprühten. Der physikalische Hintergrund dieses Vorganges war damals natürlich nicht bekannt. Heute weiß man, daß bei Reibung oder Erwärmung eigentlich nicht leitende Materialien zur Ladungstrennung neigen. Die so elektrostatisch aufgeladenen Materialien neigen bei unterschiedlicher Ladungspolarität zum Ausgleich der Ladungen, was mittels Funkenentladung passiert.
Um das Jahr 1900 trat die menschliche Gesellschaft nun in eine Phase ein, die durch die immer umfassendere Nutzbarmachung elektrischer Energie geprägt ist. In alle Bereiche des Lebens drang in den folgenden Jahrzehnten die Elektrotechnik ein.
Nicht ein Telefon würde heute klingeln, es gäbe kein elektrisches Licht, man hätte keine Straßenbahn, keine U-Bahn, keine Autos, keine Ampelanlage, kein Fernsehen oder Radio, keine Funkverbindung, kein Radar und natürlich keine Waschmaschine, keinen elektrischen Herd und natürlich auch keine Mikrowelle. Die moderne Industrie wäre nicht denkbar, die Banken würden keine Buchungen ausführen, eine Datenverarbeitung wäre nicht möglich.
Unsere heutige Gesellschaft und die Art und Weise unseres Lebens ist, so wie wir es heute kennen und schätzen, ohne elektrischen Strom und seine mannigfaltigen Anwendungen undenkbar. Automatisch nimmt natürlich die Installa-

tionsdichte elektrischer und elektronischer Systeme immer mehr zu, und man kommt in die Problematik, daß sich diese Systeme gegenseitig stören und beeinflussen.
Genau mit dieser Problematik beschäftigt sich die elektromagnetische Verträglichkeit.
Ziel der EMV ist es sicherzustellen, daß elektrische Geräte, Systeme und Anlagen ihre Umgebung nicht über ein vertretbares Maß hinaus beeinflussen bzw. von Störungen aus der Umgebung beeinflußbar sind.
Das spezielle Problem des Menschen zum Verständnis der EMV besteht darin, daß es uns für ein Erkennen der uns umgebenden, künstlich erzeugten elektromagnetischen Wellen an einem speziellen Sinnesorgan fehlt, welches auf diese Felder und Wellen für uns unmittelbar spürbar reagiert.
Versuchen wir deshalb, die EMV als einen Beitrag zum Umweltschutz zu verstehen und dementsprechend zu handeln. Diese Sicht der Thematik EMV zu fördern und zu verbreiten, ist das Anliegen des vorliegenden Buchs.

Inhalt

Elektromechanische Verträglichkeit (EMV) in Schaltanlagen – transiente Störquellen und Maßnahmen

Dr.-Ing. *Heinrich Remde*, ABB Schaltanlagen GmbH, Mannheim

1	Einführung: EMV-Planung	11
2	Störquellen: EMV in Schaltanlagen ist ein Hochfrequenzproblem	13
3	Kopplungsmechanismen zwischen Störquelle und Störsenke	19
3.1	Kopplungsmechanismen in Freiluftschaltanlagen	19
3.2	Kopplungsmechanismen bei SF_6-gasisolierten Schaltanlagen	22
3.3	Kopplungsmechanismen bei Blitzschlag	24
4	Maßnahmen	25
5	Maßnahmen gegen Längsspannungen	28
5.1	Minimierung transienter Potentialdifferenzen in der Erdungsanlage	29
5.2	Das Kabel mit beidseitig geerdetem Schirm als verteilter Kompensationstransformator	32
5.3	Auswahl eines Kabelschirms nach dem Kopplungswiderstand	35
5.4	Koaxiale Schirmanschlüsse	36
5.5	Schirmung der Kabeltrasse	38
5.6	Schutzleitererdung	40
5.7	Längen-Frequenz-Gesetz	42
6	Maßnahmen gegen Querspannungen	43
6.1	Erdung von Wandlersekundärleitungen	43
6.2	Kopplung über Erdschleifen	44
7	Zusammenfassung der Maßnahmen	45
8	Hinweis auf Prüfungen und Normen	46

EMV-orientiertes Blitz-Schutzzonen-Konzept mit Beispielen aus der Praxis

Dr.-Ing. *Peter Hasse*, Dehn + Söhne, Neumarkt/Opf.

1	Einführung	59
2	Schäden und Schadensentwicklung	60
3	Überspannungsgefährdete Anlagen und Bereiche	64
4	Stand der Normung	66
4.1	Äußerer Blitzschutz	69
4.2	Innerer Blitzschutz, Blitzschutz-Potentialausgleich, Überspannungsschutz	75
4.3	Verdingungsordnung für Bauleistungen	80
4.4	Hinweis zur Prüfung von Blitzschutzanlagen	83
5	EMV-Blitz-Schutzzonen-Konzept	83
5.1	Einteilung der Schutzzonen	85
5.2	Gefährdungsparameter	90
5.2.1	Blitzstrom	90
5.2.2	Blitzfeld	92
5.2.3	Gefährdungsparameter durch Schalthandlungen in Starkstromanlagen	95
5.2.4	Wirkungen der Gefährdungsparameter	96
5.3	Behandlung der Blitz-Schutzzonen-Schnittflächen	97
6	Verbinder und Ableiter zum Einsatz an Blitz-Schutzzonen-Schnittstellen	99
6.1	Potentialausgleichsschiene	99
6.2	Trennfunkenstrecken	100
6.3	Ableiter für energietechnische Anlagen	101
6.3.1	Blitzstromableiter	102
6.3.2	Überspannungsableiter	106
6.3.2.1	Ableiter zum Einsatz in Gebäudeinstallationen	106
6.3.2.2	Ableiter zum Einsatz in Steckdosen	111
6.3.2.3	Ableiter zum Einsatz in Geräten	113
6.4	Schutzgeräte für informationstechnische Anlagen	114
6.4.1	Ableiter für Blitzschutz-Potentialausgleich	114
6.4.2	Überspannungsbegrenzer für Geräteschutz	116
6.4.2.1	Blitzductor®	116
6.4.2.2	BEE-Schutzkarten	119
6.4.2.3	Schutzstecker für LSA-Plus-System	120
6.4.2.4	Schutzgeräte, angepaßt an Computerschnittstelle	121

6.4.2.5	Schutzmodule für den Einbau in Geräte	124
6.5	Schutzgeräte für Einrichtungen an verschiedenen Netzen	125
7	**Beispiele aus der Praxis**	127
7.1	Spitzenkraftwerk	127
7.2	Tankstelle	134
7.3	Zentralrechner einer Fabrik	141
8	**Projektphasen beim EMV-Blitz-Schutzzonen-Konzept**	144
9	**Systemprüfungen**	145
9.1	Komponentenprüfungen bei Blitzstrom	146
9.2	Komponentenprüfungen bei Blitz- und Schaltstörungen	146
9.3	Komponentenprüfungen im Blitzfeld	146
10	**Ausblick**	147

EMV-Maßnahmen in elektronischen Systemen

Dipl.-Ing. *Thomas Rudolph,* AEG Aktiengesellschaft, Frankfurt am Main

1	**Einleitung**	155
2	**Grundbegriffe**	156
2.1	Beeinflussungsmodell	156
2.2	Kopplungsmechanismen	158
2.2.1	Galvanische Kopplung	158
2.2.2	Kapazitive Kopplung	158
2.2.3	Induktive Kopplung	158
2.2.4	Wellenbeeinflussung	159
2.2.5	Strahlungsbeeinflussung	159
3	**Störgrößen und Störquellen**	159
3.1	Einteilung der Störgrößen	159
3.2	Ausgewählte Beispiele für Störquellen	159
3.2.1	Entladung statischer Elektrizität (ESD)	159
3.2.2	Elektromagnetische Felder	161
3.2.3	Transiente Überspannungen durch Schaltvorgänge	161
3.2.4	Oberschwingungen	162
4	**Wirkungsweisen der elektromagnetischen Beeinflussung**	163
4.1	Reversible Funktionsstörungen	164
4.2	Funktionsausfälle durch Zerstörungen	165

5	**Maßnahmen zur Sicherstellung der EMV**	166
5.1	Barrierenmodell	166
5.2	Maßnahmen gegen Fremdbeeinflussungen	167
5.2.1	Maßnahmen an den Störquellen und Koppelpfaden	167
5.2.1.1	Erdung, Masse	167
5.2.1.2	Geschaltete induktive Stromkreise	168
5.2.1.3	Überspannungsschutz	168
5.2.1.4	Schutz gegen elektrostatische Aufladungen	169
5.2.1.5	Hinweise zur Verbindungstechnik	169
5.2.2	Maßnahmen an den Prozeßschnittstellen	170
5.2.2.1	Filterung	170
5.2.2.2	Potentialtrennung	170
5.2.2.3	Signalregenerierung	171
5.2.3	Maßnahmen im Logikbereich	172
5.2.3.1	Selbstüberwachung	172
5.2.3.2	Nutzung von Systemkenntnissen	172
5.2.3.3	Redundanz	173
5.3	Maßnahmen gegen Störemissionen	173
6	**Prüfung der EMV**	174
7	**Zusammenfassung**	176

Gesetzliche Grundlagen zur Sicherstellung der Elektromagnetischen Verträglichkeit in der Bundesrepublik Deutschland und in der Europäischen Gemeinschaft

Dipl.-Ing. *Diethard Möhr,* Siemens AG, Erlangen

1	Störaussendungen und deren gesetzliche Grundlage in Deutschland	179
2	Störfestigkeitsmessungen in der Bundesrepublik Deutschland	182
3	EMV-Gesetzgebung in der Europäischen Gemeinschaft	182
4	Vergangenheit der EG in bezug auf EMV	182
5	Rahmenrichtlinie der EG für EMV	184
6	Grundlegende Ziele der EG-Rahmenrichtlinie für EMV	184

7	Wie man nach der EG-Rahmenrichtlinie für EMV verfahren muß	186
8	EG-Konformitätserklärung für EMV	187
9	EG-Konformitätszeichen	188
10	Bedingungen, die von den gemeldeten Prüfstellen eingehalten werden müssen	189
11	Schlußfolgerungen	189
12	Die weitere EMV-Gesetzgebung in der Bundesrepublik Deutschland	189
13	Schlußbemerkungen	190

Elektromagnetische Verträglichkeit (EMV) in Schaltanlagen – transiente Störquellen und Maßnahmen

Dr.-Ing. *Heinrich Remde*, ABB Schaltanlagen GmbH, Mannheim

1 Einführung: EMV-Planung

Das Thema heißt: Elektromagnetische Verträglichkeit in Schaltanlagen. Behandelt werden:
- Störquellen, die transienter und hochfrequenter Natur sind,
- Kopplungsmechanismen und Kopplungswege, auf denen die Störungen von der Störquelle auf die Störsenke übertragen werden,
- Maßnahmen, mit denen die Auswirkungen der Störungen auf die Störsenken verringert werden können und
- Prüfvorschriften.

Dabei werden die geeigneten Maßnahmen schon während der Darstellung der Kopplungsmechanismen deutlich werden.

Das Thema befaßt sich mit Schaltanlagen. Es wird jedoch deutlich, daß sich fast derselbe Beitrag ergäbe, wenn das Wort »Schaltanlage« gar nicht erwähnt werden würde, wenn das Thema etwa hieße: »EMV in Industrieanlagen«. Als maßgebliche Störquelle würde dann nicht die Schalthandlung im Hochspannungskreis, sondern der Blitzschlag angegeben werden. Die grundsätzliche Darstellung der Maßnahmen ist in allen Fällen die gleiche. Insofern werden sich die Beiträge dieser Broschüre ergänzen.

Verträglich soll hier etwas sein. Elektromagnetisch verträglich. Da muß es also Normen und Gesetze geben, nach denen die Verträglichkeit zu beurteilen ist. Jedes elektrische Betriebsmittel befindet sich in einer Umgebung zusammen mit anderen Betriebsmitteln. In **Bild 1** ist eine leittechnische Einrichtung in die Mitte gestellt, weil die leittechnische Einrichtung im Zusammenhang mit Schaltanlagen zunächst als die am ehesten verletzliche Einrichtung erscheint.

Bild 1 zeigt eine leittechnische Anlage in ihrer elektromagnetischen Umgebung. Im inneren Kreis sind Transistoren und IC eingetragen. Und schon da wird klar: sie können sich gegenseitig beeinflussen durch hohe Taktfrequenzen und steile Stromflanken. Hier ist das geeignete Platinenlayout erforderlich. Die Leittechnik enthält ferner geschaltete Gleichstromrelais. Der Stromabriß beim Ausschalten der Relais erzeugt hohe induzierte Spannungen wie in der Zündanlage eines Autos. Die Störbeeinflussung dieser Baugruppen untereinander innerhalb der leittechnischen Anlage kann stärker sein als jede von weiter außen kommende Störung. Da hierauf an dieser Stelle nicht weiter eingegangen werden kann, wird auf Bild 5 aus Remde et al. verwiesen [1]. Wirkungsvolle Maßnahme zur Herabsetzung der Störbeeinflussung ist hier die geeignete Beschaltung der Gleichstromspulen.

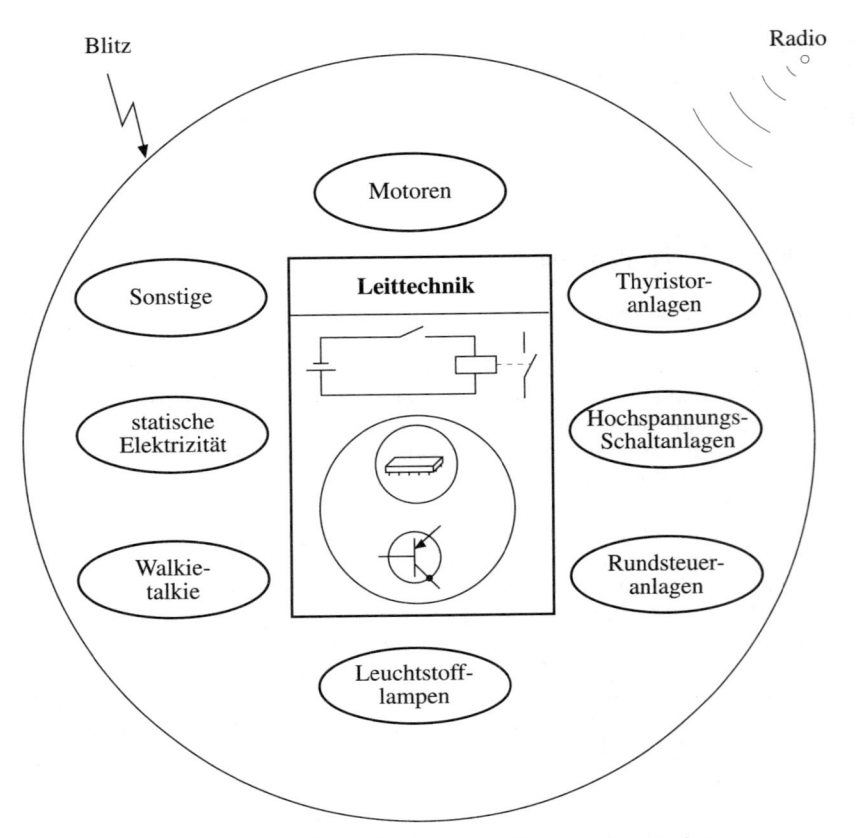

Bild 1 Elektromagnetische Umgebung einer leittechnischen Anlage

Äußere Störquellen, die sich in unmittelbarer Nähe einer leittechnischen Anlage befinden können, sind:
- Motoren mit ihrem Anlaufstrom,
- Thyristoren mit ihren Schaltflanken,
- Hochspannungsanlagen, die im folgenden im Zentrum unserer Betrachtung stehen,
- Rundsteueranlagen,
- Leuchtstofflampen mit ihrem Zündimpuls,
- Handsprechfunkgeräte mit ihren (stationären) elektrischen Feldern

und schließlich unter anderem auch:
- Entladung durch statische Elektrizität beim manuellen Bedienen einer leittechnischen Anlage.

Von den weiter entfernt liegenden Störquellen werden nur erwähnt:
- das stationäre elektrische Feld von Radiosendern und
- der Blitzschlag.

Nach DIN VDE 0870 [N18] ist die elektromagnetische Verträglichkeit die Fähigkeit einer elektrischen Einrichtung, in der vorgegebenen elektromagnetischen Umgebung zufriedenstellend zu funktionieren und andere Einrichtungen nicht unzulässig zu beeinflussen. Hierin kommt also auch, wie wir schon gesehen haben, die Dualität zum Ausdruck: Jede elektrische Einrichtung muß gleichzeitig als Störquelle und als Störsenke angesehen werden. Und das Wort »unzulässig« deutet an, daß es bei unserem Thema nicht darum gehen kann, die Störaussendung bei den Störquellen völlig zu vermeiden und die Störsenke vollständig störfest zu machen. Vielmehr sollen die Maßnahmen an Störquellen, Übertragungswegen und Störsenken nach technischen und wirtschaftlichen Gesichtspunkten aufeinander abgestimmt werden. Das besagt, daß vor dem Bau eines Geräts und noch mehr vor dem Bau einer Anlage ein EMV-Plan [B1, B2] aufgestellt werden muß, der Schnittstellen festlegt und für diese Schnittstellen quantitative Angaben macht. Dabei helfen uns die EMV-Normen.

Betrachten wir nochmals Bild 1: In den letzten Jahren haben zunehmend hochfrequente Störer an Bedeutung gewonnen. Das sind transiente Störquellen wie Schalthandlungen und atmosphärische Entladungen und stationäre Störquellen wie Taktfrequenzen von Mikroprozessoren und Trägerfrequenzen von Handsprechfunkgeräten. Um diese hochfrequenten Beeinflussungen kommen wir heute nicht herum. Das erfordert auch ein Umdenken bei den zu ergreifenden Maßnahmen. Die Maßnahmen müssen hochfrequenzmäßig wirksam sein.

Im folgenden werden die Herkunft der Störbeeinflussung in Schaltanlagen dargestellt und die Lösungsmöglichkeiten angegeben. Über dieses Thema wurde sowohl vom Verfasser dieses Beitrags wie auch von vielen anderen Autoren viel geschrieben, das im Rahmen dieses Beitrags nicht wiederholt werden kann. Angegeben werden aber Veröffentlichungen, vorzugsweise neueren Datums, mit deren Hilfe dann weitere Veröffentlichungen zum Thema gefunden werden können.

2 Störquellen: EMV in Schaltanlagen ist ein Hochfrequenzproblem

Die typische Störquelle in Schaltanlagen ist das Schalten von Trennschaltern.

Die Sammelschiene liege an Spannung, der Abzweig soll zugeschaltet werden. Da sich die Trennerkontakte beim Schließen relativ langsam nähern, tritt ein erster Überschlag zwischen den Kontakten bei einem kritischen Abstand auf, dem dann weitere Überschläge in immer kürzeren Abständen folgen [2]. Sehen wir uns den Vorgang anhand der theoretischen Darstellung im **Bild 2a** an. Die voll gezeichnete Linie ist die Netzspannung auf der Sammelschiene, d. h. auf der Speiseseite, die gestrichelte Linie zeigt die Spannung des Abzweigs, d. h. auf

a)

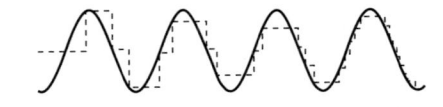

b)

c)

$110 \cdot \sqrt{2}/\sqrt{3}$ kV

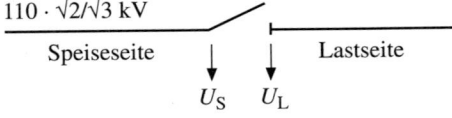

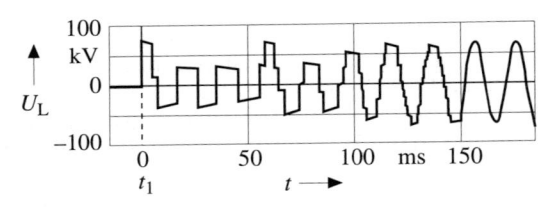

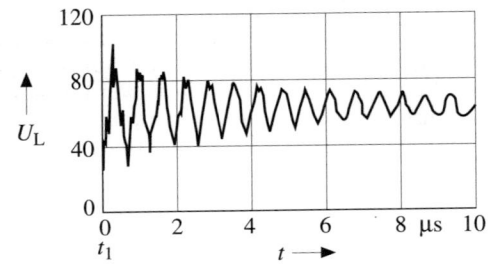

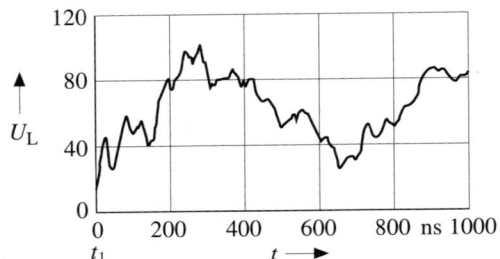

Speiseseite   Lastseite

U_S U_L

U_L / kV: 100, 0, −100
0   50   100   ms   150
t_1 $t \longrightarrow$

U_L: 120, 80, 40, 0
0   2   4   6   8   µs   10
t_1 $t \longrightarrow$

U_L: 120, 80, 40, 0
0   200   400   600   800   ns   1000
t_1 $t \longrightarrow$

der Lastseite. Zunächst ist der Abzweig ungeladen. Wenn sich die Trennerkontakte genügend genähert haben, tritt ein Überschlag über die Trennerkontakte auf, und die Lastseite wird auf den Scheitelwert der Spannung der Speiseseite aufgeladen. Die Spannung auf der Speiseseite folgt dann dem sinusförmigen Verlauf der Netzspannung. Wenn die Spannungsdifferenz über die Trennerkontakte genügend groß geworden ist – die Trennerkontakte haben sich bis dahin auch ein wenig weiter genähert –, erfolgt ein nächster Überschlag, diesmal eine Entladung der Lastseite. So folgt Überschlag auf Überschlag in immer kürzeren Zeitabständen und mit immer kleineren Amplituden, bis sich die Trennerkontakte geschlossen haben.

Beim Öffnen des Trennschalters geschieht der gleiche Vorgang rückwärts (**Bild 2b**) mit dem Unterschied, daß theoretisch die Amplitude des letzten Überschlags der zweifache Scheitelwert sein kann.

Diesen theoretisch denkbaren, schlimmsten Zustand (worst case) benutzt das IEC-Entwurfspapier 17C(Secr.)102 [N19] dazu, eine Prüfvorschrift zu definieren. Danach wird der erste Überschlag beim Zuschalten eines ungeladenen Leitungsstücks als Referenzfall definiert, und die dabei auftretenden Überspannungen auf Sekundärleitungen werden gemessen. Als theoretischer Höchstwert der Überspannungen auf Sekundärleitungen wird dann der doppelte Wert angenommen.

In **Bild 2c** sieht man einen gemessenen Spannungsverlauf auf der Lastseite beim Zuschalten: Hierbei handelt es sich um das Zuschalten durch einen motorbetätigten Trennschalter in einer SF_6-Schaltanlage. Der gesamte Vorgang ist in 150 ms beendet. In Freiluftschaltanlagen kann der Vorgang auch länger andauern, bei handbetätigten Trennschaltern bis zu zwei Sekunden.

Auf dem mittleren Oszillogramm in Bild 2c sieht man nur den ersten Anstieg der Spannung auf der Lastseite und das Einschwingen auf den vorübergehenden Endwert. Die Einschwingfrequenz ist hier 1,5 MHz. Im unteren Oszillogramm ist wiederum der erste Ausstieg zeitlich noch weiter aufgelöst. Hierin sind Frequenzen von 20 MHz erkennbar.

Dieses Beispiel macht den hochfrequenten Charakter der Störquelle in einer Schaltanlage deutlich. D. h., daß auch alle Maßnahmen zur Verhinderung einer Störausbreitung und Störeinkopplung in Sekundärleitungen für hochfrequente Vorgänge geeignet sein müssen.

Bei der EPRI (Edison Power Research Institute, Palo Alto, Kalifornien) wurden unlängst derartige auftretende Frequenzen gemessen [4], und zwar in verschie-

◄

Bild 2 Lade- und Umladevorgang beim Zu- und Abschalten eines Leitungsstücks durch einen Trennschalter [1]
a) theoretisch beim Zuschalten,
b) theoretisch beim Abschalten,
c) nach Messungen, beim Zuschalten in einer SF_6-Schaltanlage in unterschiedlicher Zeitauflösung [3]

denen Freiluftschaltanlagen und SF$_6$-gasisolierten Schaltanlagen, bei Schaltungen mit Trennschaltern und mit Leistungsschaltern. Gemessen wurde die elektrische und magnetische Feldstärke unterhalb des geschalteten Leitungsstücks. Die Ergebnisse sind in **Bild 3** und **Bild 4** grafisch zusammengestellt. Man betrachte an dieser Stelle nur die festgestellten Frequenzen: Sie reichen von 100 kHz bis 115 MHz.

Für Leistungsschalter-Schaltungen in SF$_6$-gasisolierten Anlagen sind keine Angaben gemacht, da die Meßwerte zu gering waren. Die mit 115 MHz schwingende elektrische und magnetische Feldstärke zeigt **Bild 5**.

Nach Behandlung der in den Lade- und Entladevorgängen enthaltenen Frequenzen ist jetzt noch auf die Repetitionsfrequenz der Einzelentladungen einzugehen. Betrachten wir nochmals die Bilder 2a und 2b. Jeder Umladevorgang in diesen Bildern entspricht einem Stromimpuls. Der größte Abstand zwischen zwei Impulsen verbunden mit den größten Amplituden tritt am Ende des

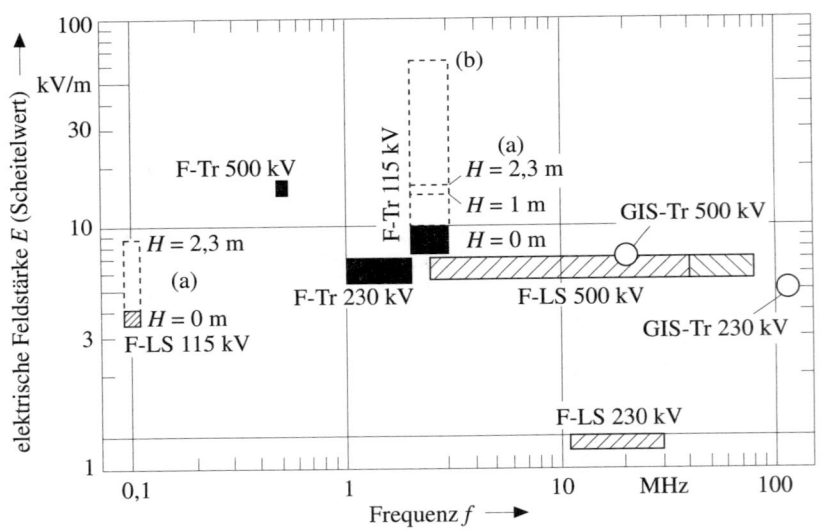

Bild 3 Elektrische Feldstärke, gemessen unter einem geschalteten Abzweig in Freiluftschaltanlagen bzw. unter dem Kapselungs-Endrohr an den Freiluftdurchführungen von SF$_6$-gasisolierten Schaltanlagen
F-Tr   Trennerschaltung in Freiluftschaltanlagen,
F-LS   Leistungsschalter-Schaltung in Freiluftschaltanlagen,
GIS-Tr Trennerschaltung in SF$_6$-gasisolierten Schaltanlagen
a) auf dem Boden ($H=0$ m) und in 1,0 m bis 2,3 m Höhe unter einer 4,88 m hohen Sammelschiene
b) auf einer 2,3 m hohen metallenen Leiter

Abschaltvorgangs auf und beträgt bei einer Netzfrequenz von 50 Hz 10 ms, d. h., die kleinste Repetitionsfrequenz ist 100 Hz. Die größte Repetitionsfrequenz am Ende des Einschaltvorgangs liegt nach Beobachtungen [4] in Freiluftschaltanlagen bei 40 kHz, in gasisolierten Schaltanlagen bei 2,4 kHz. Diese Stromimpulse können auch im abgestrahlten Magnetfeld gemessen werden. Ein entsprechendes Oszillogramm aus den EPRI-Messungen zeigt **Bild 6**.
Derartige Impulsfolgen können in leittechnischen Einrichtungen Signale vortäuschen. Sie sind allerdings energiearm. Wenn also die Eingänge leittechnischer Einrichtungen ausreichend niederohmig sind, kommen diese Störimpulsfolgen nicht zur Geltung.

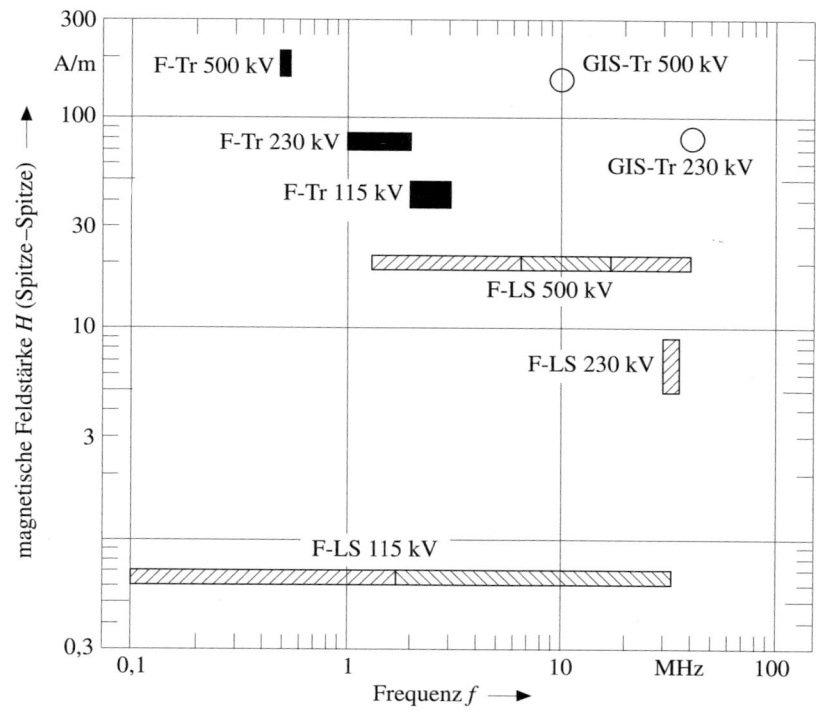

Bild 4 Magnetische Feldstärke, gemessen unter einem geschalteten Abzweig in Freiluftschaltanlagen bzw. unter dem Kapselungs-Endrohr an den Freiluftdurchführungen von SF_6-gasisolierten Schaltanlagen
F-Tr   Trennerschaltung in Freiluftschaltanlagen,
F-LS   Leistungsschalter-Schaltung in Freiluftschaltanlagen,
GIS-Tr Trennerschaltung in SF_6-gasisolierten Schaltanlagen

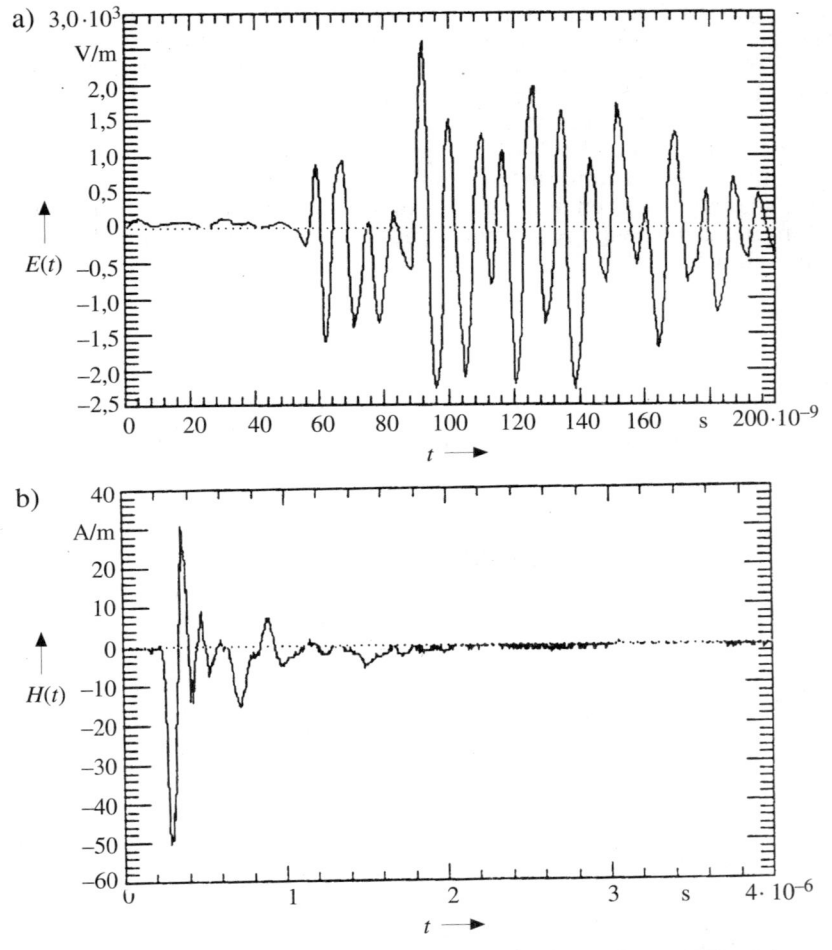

Bild 5 Zeitlicher Ablauf der a) elektrischen und b) magnetischen Feldstärke unter dem Kapselungs-Endrohr einer 230-kV-SF_6-gasisolierten Schaltanlage bei Trennerschaltungen gemäß GIS-Tr 230 kV in Bild 3 und Bild 4 (Bilder 7 und 8 aus [4])

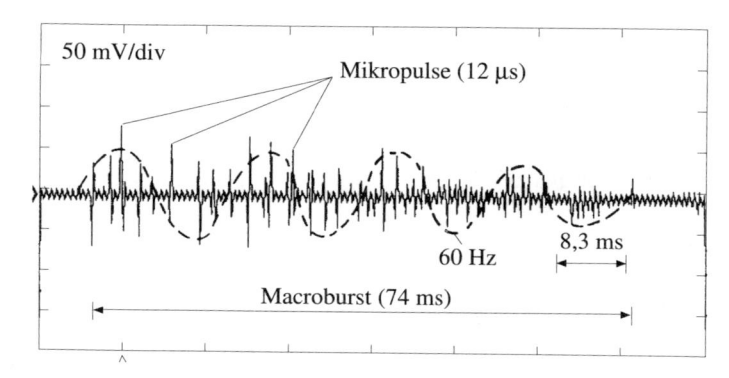

Bild 6 Magnetisches Feld am Erdboden unterhalb eines Abzweigs in einer 115-kV-Schaltanlage beim Zuschalten eines Schlagtrennschalters gemäß F-Tr 115 kV in Bild 3
Macroburst Gesamteinschaltvorgang
Micropulse Einzelentladung

3 Kopplungsmechanismen zwischen Störquelle und Störsenke

Als nächstes ist jetzt die Frage zu klären, auf welche Weise und auf welchem Wege die primären Störquellen die Sekundäranlage beeinflussen. Das wird uns bei der Auswahl und Beurteilung der Maßnahmen zur Gewährleistung der elektromagnetischen Verträglichkeit helfen.

3.1 Kopplungsmechanismen in Freiluftschaltanlagen

Die möglichen Kopplungswege bei Freiluftschaltanlagen sind in **Bild 7** dargestellt. Links oben im Bild ist die Sammelschiene angedeutet. Über einen Trennschalter wird ein Leitungsstück (rechts) an Spannung gelegt. An die Sammelschiene ist ein kapazitiver Spannungswandler angeschlossen. Von der Sekundärseite dieses Wandlers führen zwei Meßadern in die Warte. Spannungswandler und Warte stehen auf einem gemeinsamen Maschenerder. Beim Schließen des Trennschalters fließt ein impulsförmiger Ladestrom i_L auf das Leitungsstück (rechts) und lädt die Erdkapazitäten C_E dieses Leitungsstücks auf. Der Ladestrom setzt sich über die Erdkapazitäten, also in der Erdungsanlage, als Strom i_E fort. Es fließt somit in der Erdungsanlage ein impulsförmiger, schwingender Strom (in der Form wie in Bild 5b), mit einer Schwingfrequenz von etlichen MHz. Dieser hochfrequente Strom erzeugt an den Induktivitäten der Erdungsanlage Spannungsdifferenzen von 20 kV und mehr. Solche Spannungsdifferenzen können sowohl zwischen weit entfernt liegenden Punkten der Erdungsanlage auftreten als auch zwischen sehr benachbarten Punkten, da die Schwingfrequenzen mit kleiner werdenden geometrischen Abständen zunehmen. Unter

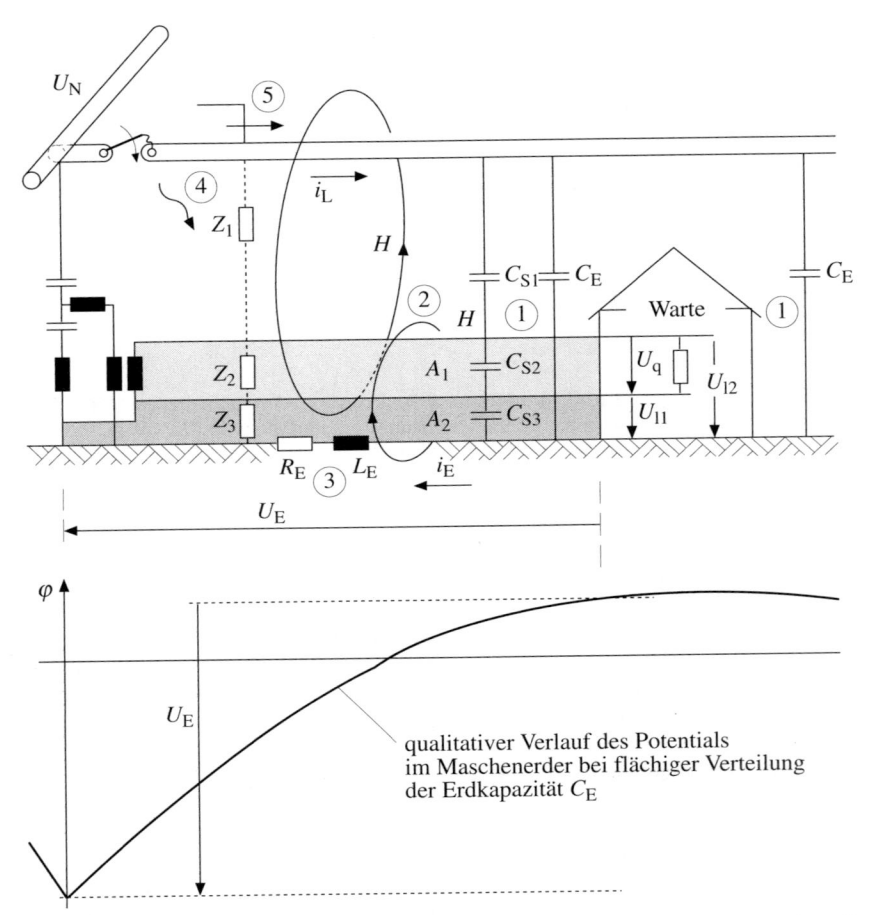

Bild 7 Kopplungsmechanismen für Störgrößen in Freiluftschaltanlagen und qualitative Verdeutlichung der Potentialdifferenz in der Erdungsanlage [B3, 1, 5]

dem Bild ist eine solche Potentialverteilung in der Erdungsanlage beispielhaft eingetragen. Der Knick links soll anzeigen, daß hier der Strom aus der Erdungsanlage wieder konzentriert durch die Kapazitäten des Spannungswandlers zur Sammelschiene zurückfließt, während er rechts über die verteilten Erdkapazitäten geflossen ist.

Schon hier soll auf die EMV-Maßnahmen hingewiesen werden: Spannungsdifferenzen zwischen Punkten der Erdungsanlage können klein gehalten werden, wenn man die Induktivität der Erder und Erdungsleitungen klein hält.

Nach dieser geometrischen und elektrischen Lagebeschreibung kommen wir zu den Kopplungsmechanismen zwischen dem Primärkreis und dem Sekundärkreis (den Wandlersekundärleitungen).
Zwischen diesen Kreisen besteht:
- die kapazitive Kopplung, gekennzeichnet durch die Streukapazitäten C_S,
- die induktive Kopplung, gekennzeichnet durch die magnetischen Feldlinien H,
- die galvanische Kopplung, gegeben dadurch, daß die Wandlersekundärleitung geerdet ist,
- die Strahlungskopplung, gekennzeichnet durch die Wellenlinie Nr. 4 und
- die Kopplung über Leitungswellen, gekennzeichnet durch die Wellenimpedanzen Z.

Im Bild nicht eingetragen ist die kapazitive Kopplung zwischen Primär- und Sekundärstromkreis im Wandler selbst. Eine Minimierung der Beeinflussung über diesen Kopplungsweg muß beim Bau des Wandlers erreicht werden.
Die maßgebliche und gefährlichste Einkopplung von den in Bild 7 gezeigten, ist die galvanische Kopplung. Maßnahmen müssen sich zuerst auf die galvanische Kopplung beziehen. Diese Maßnahmen schließen automatisch Maßnahmen gegen die meisten anderen Kopplungsarten mit ein.
Dadurch, daß nämlich ein Stromkreis galvanisch mit der Erdungsanlage verbunden ist, tritt die Potentialdifferenz U_E, die in der Erdungsanlage zwischen dem Anfang und dem Ende der Sekundärleitung besteht, am nicht geerdeten Ende der Sekundärleitung zwischen jeder Signalader und örtlicher Erde als sogenannte Längsspannung auf. Die Längsspannung ist in Bild 7 mit U_{l1} und U_{l2} gekennzeichnet.
Anhand dieses Bildes können wir uns bereits eine wirksame Maßnahme gegen die galvanische Kopplung vorstellen: Wenn man es erreichen kann, daß auf die beiden Signaladern in Längsrichtung eine Spannung u_i aufgebracht wird, die genau so groß ist wie die Potentialdifferenz U_E in der Erdungsanlage, dann ergeben sich U_{l1} und U_{l2} zu Null, nämlich:

$$U_{l1} = U_{l2} = U_E - u_i = 0.$$

Dies ist durch geeignete Schirmung möglich.
Die nächst wichtige Kopplung ist die induktive Kopplung. Die Ströme i_L und i_E koppeln über ihr elektromagnetisches Feld H und die Induktionsflächen A in die Sekundärleitungen ein. Die Höhe der induzierten Spannung ist, vereinfacht ausgedrückt:

$$u = \frac{d\Phi}{dt}, \text{ mit } \Phi = \mu_0 \cdot H \cdot A.$$

Hieraus läßt sich eine wirksame Maßnahme gegen induktive Kopplungen ablesen. Wenn es gelingt, die Induktionsflächen A_1 und A_2 zu Null zu machen und/oder aushilfsweise das magnetische Feld, das diese Induktionsflächen durchdringt, zu Null zu machen, sind sowohl die Längsspannungen U_{l1} und U_{l2} als auch die Querspannung U_q Null. Die Querspannung ist diejenige Spannung, die an einem Geräteeingang zwischen den beiden Signaladern auftritt. Zur exakten Definition von Längs- und Querspannung wird auf Bild 5-21 im ABB-Taschenbuch »Schaltanlagen« [B3] verwiesen.

Die Induktionsfläche A_1 kann man durch Verdrillen zu Null machen.

Die Induktionsfläche A_2 kann man klein machen, indem man Sekundärleitungen dicht an Erdungsleitungen verlegt.

Das magnetische Feld durch diese Induktionsflächen kann man durch geeignete Schirmung klein machen.

Die anderen, vorher benannten Kopplungsarten brauchen wir hier nicht weiter zu besprechen, da die Maßnahmen gegen galvanische und induktive Kopplung auch die Maßnahmen gegen kapazitive Kopplung und direkte Feldeinkopplung umfassen. Hier ist jedoch auf einen noch nicht genannten Kopplungsweg hinzuweisen: die galvanische und kapazitive Kopplung über Erdschleifen, auf englisch: ground-loop coupling. Dies betrifft die Erzeugung von Querspannungen durch Erdunsymmetrie der Sekundärstromkreise. Hierauf wird im Kapitel 6.2 noch eingegangen.

3.2 Kopplungsmechanismen bei SF_6-gasisolierten Schaltanlagen

Auch in gasisolierten Schaltanlagen (GIS) sind die Schaltvorgänge die eigentlichen Störquellen. Wir wollen uns jetzt verdeutlichen, wie die Störung aus der Kapselung heraus auf die Sekundäranlagen gelangt. Zur Beschreibung dieser Vorgänge wird auch auf Boggs et al. [6] und Meppelink et al. [7] hingewiesen. Dieser Kopplungsmechanismus ist in **Bild 8** angegeben.

Bei Schalthandlungen in GIS laufen Wanderwellen vom Schaltkontakt im Inneren der Kapselung nach allen Seiten. Nur an Öffnungen der Kapselungen können die mit den Wanderwellen verbundenen elektromagnetischen Felder die Kapselung verlassen. Solche Öffnungen sind unvermeidbarerweise die Freiluftdurchführungen, aber häufig auch die Kabelendverschlüsse, Ausdehnungsstücke im Zuge der Kapselung, Strom- und Spannungswandler oder andere Meßstellen. Bild 8 zeigt den kritischen Fall, den Feldaustritt an einer Freiluftdurchführung.

In Bild 8a ist die GIS-Kapselung dargestellt, in der von links nach rechts eine Wanderwelle mit dem verbundenen elektrischen (E) und magnetischen (H) Feld läuft. Am Ende der Kapselung (d. h. an der Freiluftdurchführung) erfährt die Wanderwelle einen Sprung und teilt sich in zwei Teilwellen auf: die eine Welle läuft zwischen Freileitung und Erde längs der Freileitung, die andere Welle läuft zwischen der GIS-Kapselung und Erde wieder zurück in das Schaltanlagengebäude hinein. Im Ersatzschaltbild 8b ist U_0 die ursprüngliche Wanderwelle, die sich am Punkt B auf die beiden Leitungen, gebildet aus C'_F, L'_F und C'_K, L'_K aufteilt. Die zwischen Kapselung und Erde laufende Wanderwelle bewirkt eine Anhebung des Kapselungspotentials. Da die Kapselung Teil der Erdungsanlage

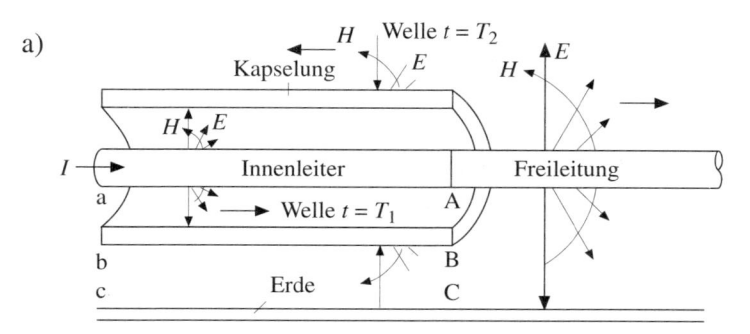

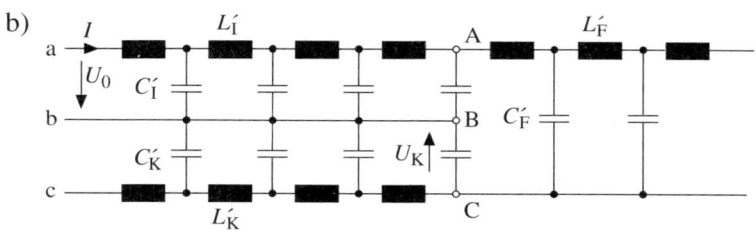

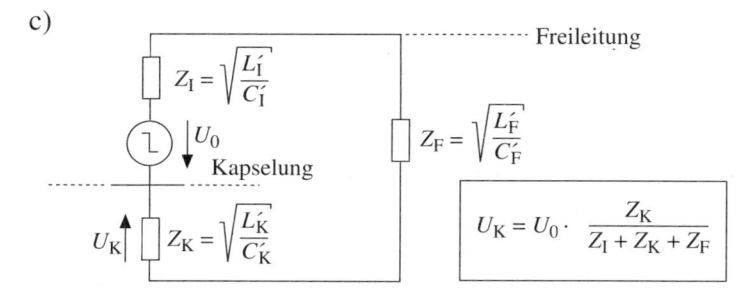

Bild 8 Entstehung des transienten Kapselungspotentials bei gasisolierten Schaltanlagen [27]
a) prinzipielle Darstellung der Wanderwellen,
b) Ersatzbild mit fein verteilten Elementen,
c) Ersatzbild mit konzentrierten Elementen

ist, ergibt sich also auch hier (wie in der Freiluftschaltanlage) eine Potentialdifferenz in der Erdungsanlage, die galvanisch in (Wandler-)Sekundärleitungen eingekoppelt wird. Die übrigen Kopplungsmechanismen sind analog zu denen in Freiluftschaltanlagen gemäß Bild 7 zu behandeln.
Über die Höhe der an Freileitungsdurchführungen auftretenden elektrischen und magnetischen Feldstärken sind Aussagen in Bild 3 und Bild 4 enthalten.

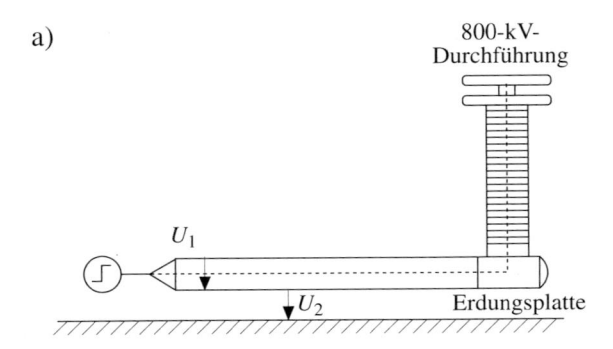

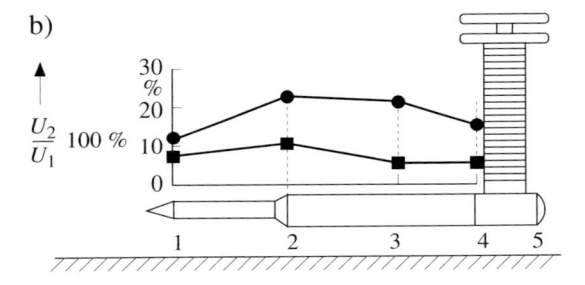

Bild 9 Prinzipversuche mit Niederspannung zum transienten Anstieg des Kapselungspotentials während einer Schalthandlung im Primärkreis. Die Schalthandlung wird durch Einspeisen eines Impulses U_1 simuliert [27].
a) Versuchsanordnung (U_1 eingespeister Impuls innerhalb GIS-Rohr; U_2 Spannung zwischen Kapselung und Erde)
b) Spannungsverhältnis (● Punkt 5 offen; ■ Punkt 5 geerdet)

Die transienten Kapselungspotentiale gemäß **Bild 9** können beim Trenner-Zuschalten 20 % des Scheitelwerts der Netzspannung sein, d. h. 20 kV bei 123-kV-Anlagen.
Eine Maßnahme zur Verringerung der transienten Kapselungspotentiale kann direkt aus dem Bild 8 über die Entstehung der transienten Kapselungspotentiale abgelesen werden: das ist die möglichst induktivitätsarme Erdung der Kapselung im Bereich der Freiluftdurchführungen und die niederinduktive Verbindung zwischen der Kapselung und den Schirmen der Leistungskabel sowie zwischen den Kapselungsteilen.

3.3 Kopplungsmechanismen bei Blitzschlag

Bevor wir dieses Kapitel der Kopplungsmechanismen verlassen, soll noch auf die Kopplung der Sekundärleitungen mit Blitzströmen hingewiesen werden. Auch bei Blitzschlag gibt es kapazitive und induktive Beeinflussungen sowie die galvanische Kopplung mit den transienten Potentialdifferenzen in der Erdungsanlage. Ebenso wie bei den vorher besprochenen Schalthandlungen können bei Blitzschlag in Leiterschleifen erhebliche Störungen auftreten, z. B. 10 kV in einer Leiterschleife von 1 m × 1 m bei einem Blitzteilstrom mit der Steilheit von 10 kA/µs. Hierzu wird verwiesen auf die Bilder 5.1.1.2 im Handbuch für Blitzschutz und Erdung von Hasse und Wiesinger [B4].

4 Maßnahmen

Die grundsätzlichen Maßnahmen zur Herabsetzung der transienten Störbeeinflussung wurden bereits bei der Beschreibung der Störquellen und bei der Darstellung der Kopplungswege behandelt. Eine systematische Übersicht zeigt **Bild 10**.
Die Maßnahmen können an den Störquellen, an den Kopplungswegen und an den Störsenken vorgenommen werden. Es können technische Maßnahmen sein oder auch organisatorische Maßnahmen, insbesondere im Bereich der Software. In den **Tabellen 1** bis **6** [N2, N23, 1, 5, 14] ist ein Katalog grundsätzlicher technischer Einzelmaßnahmen zusammengestellt, die an den Störquellen und den

Ort	Störquellen	Kopplungsweg	Störsenke
Art der Maßnahmen	Begrenzung der Störgrößen	Erschwerung der Übertragung von Störgrößen	Begrenzung der Wirkung von Störgrößen
technische EMV-Maßnahmen	niederinduktive Erdung örtliche Trennung von Anlagen und Kabeln unterschiedlicher Störniveaus Anordnung – in Gruppen – kopplungsarm Beschaltung von Relais	Leitungsführung Schirmung mit Vielfacherdung (beidseitige Schirmerdung) baumförmiger Leitungsaufbau Zweidrahtverlegung Verdrillung Symmetrierung Stromkreise einseitig erden	Schirmung Filterung direkte Begrenzung Zonenbildung Potentialtrennung optische Signalentkopplung Interfaces mit kleiner Kopplung
technisch-organisatorische Maßnahmen	Vereinbarungen über Betriebsabläufe (z. B. räumliche und zeitliche Beschränkungen), Software-Maßnahmen		

Bild 10 Allgemeine EMV-Maßnahmen [1]

Tabelle 1: Maßnahmen in der Erdungsanlage von Freiluftschaltanlagen

- Maschenerder mit maximaler Maschenbreite von 10 m.
- Verringerte Maschengröße am Rand der Erdungsanlage.
- Verringerte Maschengröße bei Wandlern, Überspannungsableitern und Erdern.
- Mindestens ein Erder unter jedem Abzweig oder parallel dazu.
- Zwei parallele Erdungsseile gegenüber einem einzigen Seil mit gleichem Gesamtquerschnitt bevorzugen.
- Erder an Kreuzungspunkten verbinden.
- Schlaufen in Erdern und Erdungsleitungen kurzschließen.
- Erdungsleitungen (an Gerätefundamenten) ohne scharfe Ecken verlegen, z. B. in Schutzrohren innerhalb des Fundaments.
- Kabelkanäle parallel zu Erdern verlegen.
- Erdungsleitungen innerhalb der Kabelkanäle mitführen und mehrfach mit den Erdern verbinden.
- Metallenen Kabelführungskanal und die Armierung von Kabelkanälen in die Erdungsanlage einbeziehen.
- Erder dicht an Gerätefundamenten vorbeiführen.
- Geräte mit kurzen Erdungsleitungen an den Erder anschließen.
- Geräte einer dreiphasigen Gruppe an den gleichen Erder anschließen.
- Überspannungsableiter erdseitig möglichst kurz mit dem Schutzobjekt verbinden.

Tabelle 2: Maßnahmen am Relaishaus in Freiluftschaltanlagen

- Relaishaus an einen Kreuzungspunkt von Erdern positionieren und mindestens an gegenüberliegenden Ecken mit beiden Erdern verbinden.
- Fußbodenarmierung und Wändearmierung viermal mit Innenerdungsanlage verbinden.
- Benachbarte Baustahlmatten je einmal pro Meter verschweißen.

Kopplungswegen vorgenommen werden können und zur Herstellung der elektromagnetischen Verträglichkeit in Schaltanlagen förderlich sind. Beim Bau einer Schaltanlage können diese Tabellen durchgegangen und einzeln abgehakt werden. Man interpretiere diese Tabellen aber nicht so, als müßten alle Maßnahmen additiv angewendet werden. Ihre Kombination muß vielmehr nach technischen und wirtschaftlichen Gesichtspunkten ausgewählt werden. Bezüglich der Begrenzung von Störgrößen wird auf den zweiten Beitrag in dieser Broschüre von Herrn Dr. Hasse verwiesen. Software-Maßnahmen gibt Hr. Rudolph im dritten Beitrag dieser Broschüre an.

Für die Auswahl von Maßnahmen im vorliegenden Fall der Schaltanlagen, aber auch in Industrieanlagen, die durch Blitzschlag gefährdet sind, müssen wir in folgender Reihenfolge vorgehen. Diese Festlegung wird dadurch bestimmt, daß es transiente Potentialdifferenzen in der Erdungsanlage gibt, die die Sekundäranlagen durch Zerstörung oder Fehlfunktion gefährden:

Tabelle 3: Maßnahmen an Schaltanlagengebäuden

- Armierungen verrödeln und in die Erdungsanlage des Gebäudes mit einbeziehen.
- Vom Fundamenterder des Gebäudes ausgehend die Erdungsanlage im Gebäude als Maschennetz aufbauen.
- Die Blitzschutzanlage in die Gebäudeerdungsanlage einbeziehen. Abstand von Blitzableitungen kleiner als 10 m, Abstand der Fangleitungen kleiner als 5 m (siehe DIN VDE 0185 [N3] und Erläuterungen [N4].
- Metallene Kabelkanäle, Erdungsleitungen, Schirme aller Kabel und Schutzleiter in die vermaschte Erdungsanlage mit einbeziehen.
- Die Erdungsanlage des Gebäudes mit dem Ringerder außerhalb des Gebäudes mehrfach verbinden, jedenfalls im Bereich von Kabeleinführungen in das Gebäude.
- Kabelschirme vorzugsweise und zusätzlich bei Einritt in das Gebäude mit der Gebäudeerdungsanlage verbinden.
- Sekundärkabel vorzugsweise nur an einer Stelle in das Schaltanlagengebäude einführen.

Tabelle 4: Maßnahmen an gasisolierten Schaltanlagen (GIS)

- GIS mindestens alle 10 m mit der Erdungsanlage (Fußbodenarmierung) des Schaltanlagengebäudes auf kürzestem Weg verbinden. Diese Verbindung erfolgt zusätzlich zu der 50-Hz-Erdung.
- Bei Freiluftdurchführung die GIS-Kapselung am Ende und/oder außen an der Gebäudewand mit dem Ringerder und mit der Gebäudeerdung verbinden.
- Bei Kabelendverschlüssen vorzugsweise die GIS-Kapselung mit möglichst kurzen Laschen (koaxial) mit dem Kabelschirm verbinden. Andernfalls induktivitätsarme Erdungsverbindungen und/oder Überspannungsableiter an der Isolierstelle vorsehen.

Tabelle 5: Maßnahmen der Schirmung von MSR-Leitungen

- Wandler-, Steuer-, Melde- und Niederspannungs-Versorgungs-Leitungen (MSR-Leitungen) mit stromtragfähigem Schirm versehen.
- Stromtragfähige Schirme mit niedrigem Kopplungswiderstand auswählen (< 10 mΩ/m im Frequenzbereich von 0 Hz bis 10 MHz).
- Stromtragfähige Schirme beidseitig erden.
- Kabelschirme vorzugsweise koaxial mit Schrankwand bzw. Geräteanschlußkasten verbinden. Evtl. Metallstecker verwenden oder Schirm mit einer Metallschelle auf der Erdungsschiene befestigen. Schirmanschlußleitungen müssen sehr kurz sein oder gänzlich vermieden werden.
- Metallene Kabelführungskanäle verwenden.
- Erdungsleitungen auf Kabelpritschen mitverlegen.
- Schirme paralleler Leitungen nebeneinander erden.

Tabelle 6: Maßnahmen der Verlegung, Erdung und Entkopplung der MSR-Leitungen

- Baumförmige, d. h. strahlenförmige Verlegung.
- Hin- und Rückleiter eines Stromkreises im selben Kabel anordnen.
- Leitungen zum gleichen Gerät parallel verlegen.
- Leitungen an einer Stelle in den Steuerschrank einführen.
- PE-Leiter in den Maschenerder einbeziehen, d. h. in Steuerschränken mit örtlicher Erde verbinden.
- Zusammengeschaltete Wandlerleitungen nur einmal erden.
- Wechselstromkreise höchstens einmal erden.
- Gleichstromkreise potentialfrei betreiben.
- Gleichstromspulen mit (Avalanche-)Dioden beschalten.
- Steuer- und Meldeleitungen mit Koppelrelais versehen.

- Die Maßnahmen müssen sich auf die leitungsgeführten, transienten Störgrößen beziehen. Zusätzliche äußere Maßnahmen gegen die direkte Einstrahlung transienter elektrischer Felder in Sekundärgeräte über die Maßnahmen hinaus, die in den Sekundärgeräten standardmäßig ergriffen werden, haben sich bislang als nicht erforderlich erwiesen (siehe auch Kapitel 4.1 in IEC SC 17C(Secr.)102 [N19]).
- Es müssen zuerst Maßnahmen ergriffen werden, die die Längsspannungen auf genügend kleine Werte (bis maximal 1000 V Scheitelwert) begrenzen (siehe [N19, N23] und Kapitel 8 am Ende dieses Beitrags).
- Als zweites müssen dann auch Maßnahmen gegen Querspannungen ergriffen werden, die mit den Maßnahmen gegen Längsspannungen kompatibel sind.

Um die häufige Streitfrage vorweg klar zu beantworten: Kabelschirme müssen mindestens an beiden Enden geerdet und so in die vermaschte Erdungsanlage einbezogen werden. Verbleibende Querspannungen müssen durch höchstens einseitige Erdung der Stromkreise, Verdrillung der Adernpaare, Symmetrierung und ähnliche Maßnahmen auf genügend kleine Werte gebracht werden.

5 Maßnahmen gegen Längsspannungen

Maßnahmen gegen Längsspannungen beziehen sich auf:
- die Minimierung transienter Potentialdifferenzen in der Erdungsanlage durch:
  - Vermaschung der Erdungsanlage und
  - Ausführung der Erder und Erdungsleitungen mit geringer Induktivität.
- die engen Verbindungen der Sekundärleitungen mit den Erdern und Erdungsleitungen durch:
  - Einbindung der Schirme in den Maschenerder, unter dem Stichwort »verteilter Kompensationstransformator«,

- Auswahl eines Schirms mit geringem Kopplungswiderstand bis zu Frequenzen von 10 MHz,
- koaxiale Schirmanschlüsse,
- Ableitung des Schirmstroms auf die Gehäuse,
- Erdungsleitungen parallel zu Sekundärleitungen,
- Schirmung der Kabeltrasse.

Auf eine Unterscheidung von Erde und Masse wird hier verzichtet. Dazu wird jedoch auf das ABB-Taschenbuch »Schaltanlagen« [B3] und auf Schwab [B1] unter dem Stichwort »Masse« verwiesen.

5.1 Minimierung transienter Potentialdifferenzen in der Erdungsanlage

Die EMV-gerechte Ausführung von Erdungsanlagen wurde 1973 in einer Empfehlung der Vereinigung deutscher Elektrizitätswerke (VDEW), siehe [5], für Freiluftschaltanlagen angegeben und 1983 auf gasisolierte Anlagen erweitert [N23]. Die Empfehlung enthält Beispiele für niederinduktive Erdungsanlagen [1]. Weitere Beispiele zeigen die niederinduktive Anbindung eines Überspannungsableiters an den zu schützenden Transformator (**Bild 11**) oder an die zu schüt-

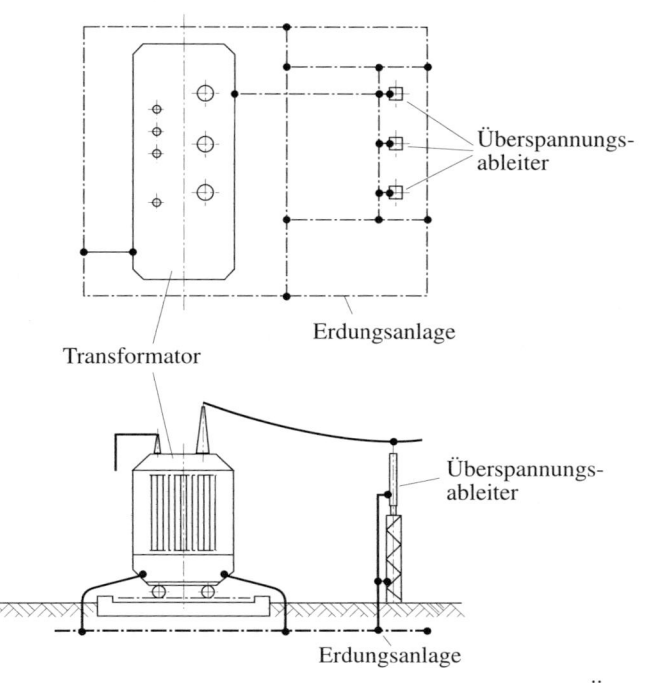

Bild 11 Niederinduktive erdseitige Verbindung zwischen Überspannungsableiter und dem zu schützenden Transformator

29

zende Freiluftdurchführung einer gasisolierten Schaltanlage (**Bild 12**). Zur Herabsetzung transienter Kapselungspotentiale auf gasisolierten Schaltanlagen soll das Ausleitungsrohr der Freiluftdurchführung an der Außenseite des Gebäudes mit der Erdungsanlage verbunden werden. Bei einer 800-kV-GIS wurde das Ausleitungsrohr gemäß **Bild 13** über eine Baustahlmatte mit der Erdungsanlage verbunden [8]. Das transiente Kapselungspotential verringerte sich dadurch von 60 kV außerhalb des Gebäudes auf 1 kV innerhalb des Gebäudes [9].

Das gleiche Prinzip des Maschenerders gilt auch bei Anlagen, die nicht Schaltanlagen sind. **Bild 14** zeigt die Erdungsanlage eines Kernkraftwerks, bei dem das Gebäude A besonders blitzeinschlaggefährdet ist, und **Bild 15** die gemeinsame Erdungsanlage eines Sendemastes und des zugehörigen Betriebsgebäudes. In Bild 14 kommt es darauf an, daß der Maschenerder im Bereich des durch Blitzeinschlag gefährdeten (hohen) Gebäudes A engmaschig ist und daß die Kabelver-

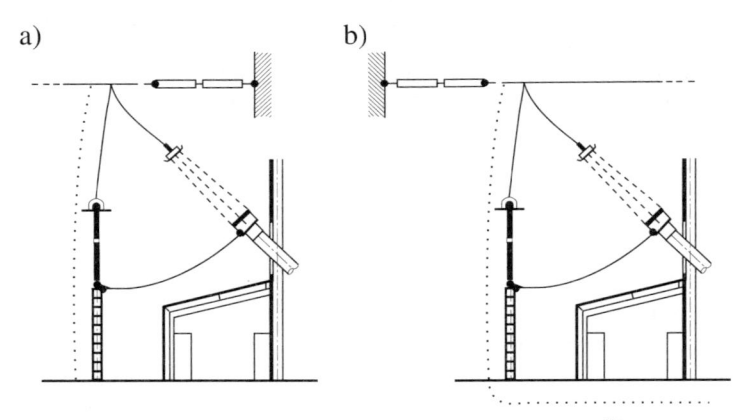

Bild 12 Niederinduktive erdseitige Verbindung zwischen Überspannungsableiter und zu schützender GIS-Anlage, vgl. auch [10]

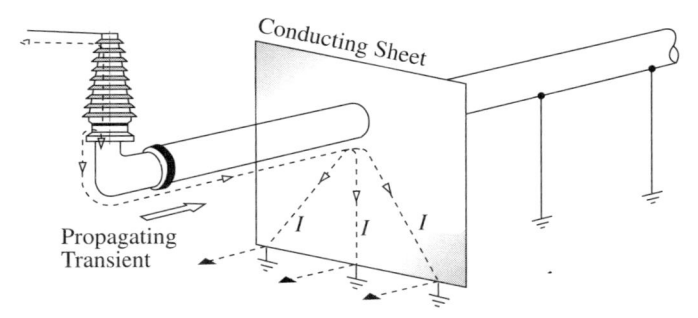

Bild 13 Gebäudeschirmung (conducting sheet) an der Ausleitung eines GIS-Rohrs zur Verringerung des transienten Kapselungspotentials (propagating transient) [8]

30

bindung zum Nachbargebäude B längs eines Erders verläuft. Das besondere Planungsprinzip in Bild 15 ist, daß die Erdungsanlage symmetrisch aufgebaut und die Fernmeldeleitung auf der Symmetrieachse angeordnet ist. Damit bleibt die Trasse der Kabelverbindung weitgehend vom elektromagnetischen Feld des Blitzstroms verschont.

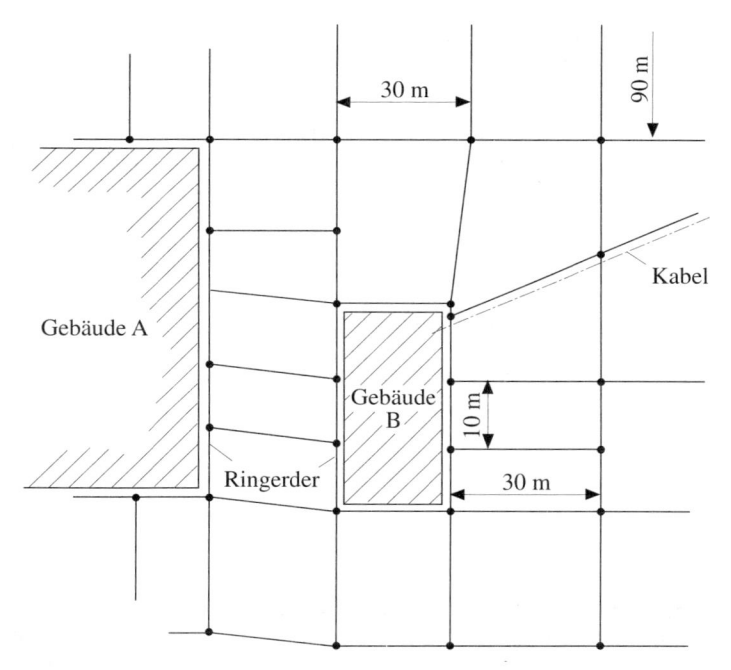

Bild 14 Flächenerdung zwischen Bauwerken auf einem Fabrikgelände mit Kabelverbindung auf einer einzigen Trasse neben und parallel zu einem Erder nach KTA 2206 [N20]

äußerer Erdring mit radialen Erdbändern

innere Potential-
ausgleichsleitung

Turmringerde

Wand

Hohlleiter bzw.
Koaxialkabel

Betriebsgebäude

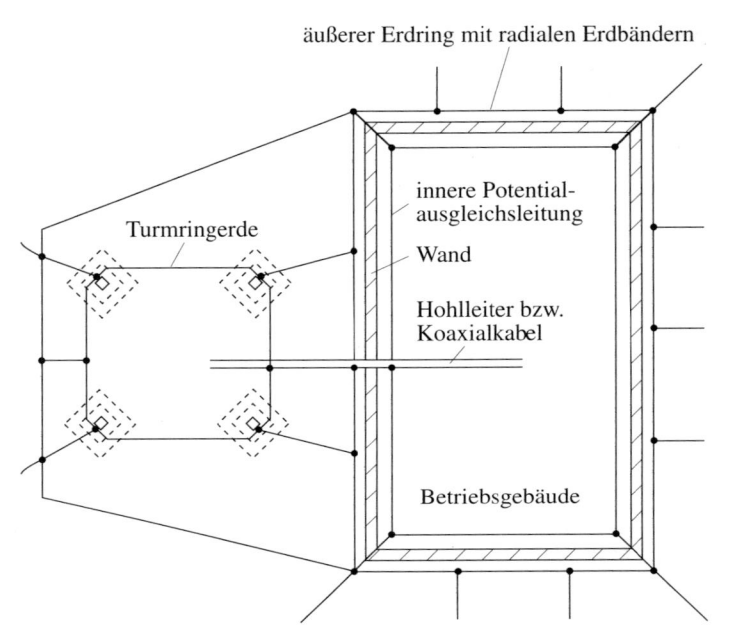

Bild 15 Erdungsanlage für einen Sendemast mit Betriebsgebäude nach DIN VDE 0845
[N16]

5.2 Das Kabel mit beidseitig geerdetem Schirm als verteilter Kompensationstransformator

In Abschnitt 3.1 wurde angegeben, daß ein beidseitig geerdeter Schirm in der Lage ist, transiente Potentialdifferenzen in der Erdungsanlage bezüglich der Kabeladern zu neutralisieren. Dies ist gemäß **Bild 16** die Folge der induktiven Kopplung zwischen den Kabeladern und dem Schirm.
Gemäß Bild 16 treibt die transiente Potentialdifferenz u_E einen Strom i durch den Schirm, so daß gilt

$$u_E = R \cdot i + L \frac{di}{dt}.$$

L ist hier die äußere Induktivität des Schirms. Den Schirm wollen wir uns als die Primärwicklung eines Transformators mit nur einer Windung vorstellen. Die Kabeladern denken wir uns als einen einzigen Draht. Sie sind die Sekundärwicklung. Wie bei einem Transformator ohne Streufluß ist die Kopplungsinduktivität M gleich der Induktivität der Primärwicklung. Somit gilt:

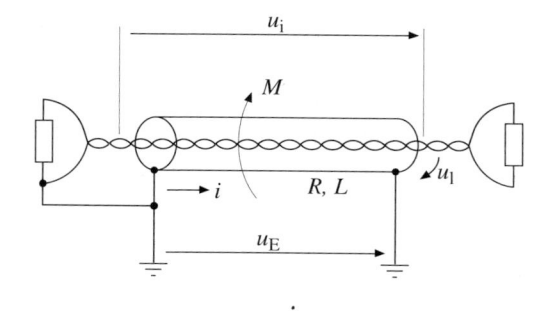

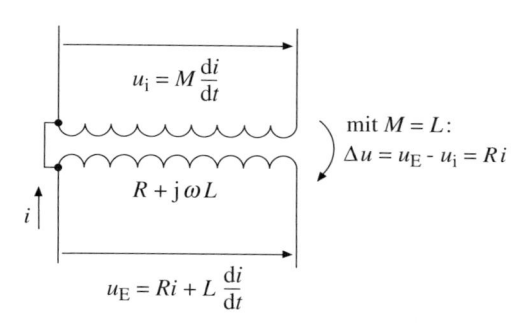

Bild 16 Das geschirmte Sekundärleitungskabel (oben) als verteilter Kompensationstransformator (unten) [5, 11]. Wegen der 100 %igen Kopplung ($M = L$) zwischen den Innenleitern und dem Schirm ergibt sich $u_E \approx u_i$ und $u_l \approx 0$.

u_l Längsspannung,
L Induktivität des Schirms
M Kopplungsinduktivität zwischen Schirm und Kabeladern,
R ohmscher Widerstand der Primärwicklung des verteilten Kompensationstransformators bzw. Kopplungswiderstand des Schirms.

$$u_i = M \frac{di}{dt} = L \frac{di}{dt}.$$

Die am rechten Kabelende auftretende Längsspannung ergibt sich nun zu:

$$u_l = u_E - u_i = R \cdot i.$$

Für das geschirmte Kabel müssen wir statt des ohmschen Widerstands den Kopplungswiderstand R_K einsetzen. Auf das gleiche Ergebnis können wir auch mit anderen Herleitungen kommen [1, 11].

Das Bild des verteilten Kompensationstransformators macht aber zweierlei deutlich:
- Liegt an einem Kabelschirm gemäß Bild 17 die transiente Potentialdifferenz u_E, so fällt die Spannung längs des Schirms wie an der Primärwicklung eines Transformators von links nach rechts linear ab. Am linken Ende haben die Kabeladern in Bild 17 das gleiche Potential wie der Schirm. Auf den Kabeladern wird nun eine Spannung induziert, die bewirkt, daß die Spannungsdifferenz zwischen Adern und Schirm auf der ganzen Länge fast Null bleibt. Als Spannungsdifferenz verbleibt nur der kleine Rest, der durch den ohmschen Widerstand der Primärwicklung des Transformators bzw. durch den Kopplungswiderstand des Schirms bestimmt wird.
- Bei ungeschirmten Kabeln mit einer parallel verlaufenden Erdungsleitung gemäß **Bild 18** ist die gleiche Herleitung zu verwenden mit dem Unterschied, daß die induktive Kopplung zwischen der Erdungsleitung und den Kabeladern nicht 100 % ist, daß es also eine Streuinduktivität zwischen »Primärwicklung« und »Sekundärwicklung« des verteilten Kompensationstransformators gibt. Die Längsspannung ist jetzt größer als zuvor, nämlich:

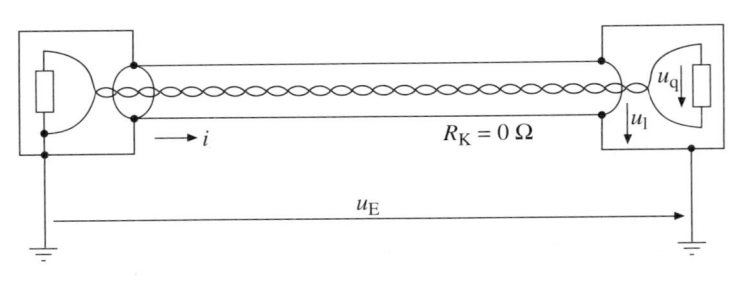

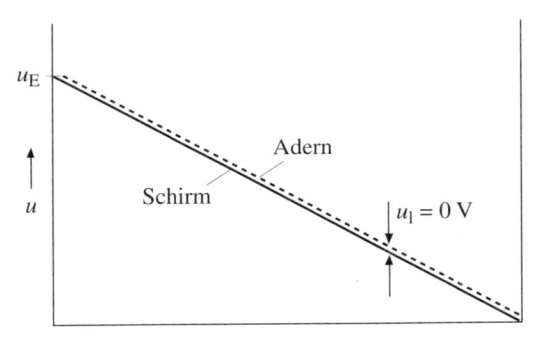

$$u_l = R \cdot i + (L-M) \frac{di}{dt}.$$

Bild 17 Potentialverlauf an einem beidseitig geerdeten Schirm und den Kabeladern bei einer transienten Potentialdifferenz u_E in der Erdungsanlage
R_K Kopplungswiderstand des Schirms

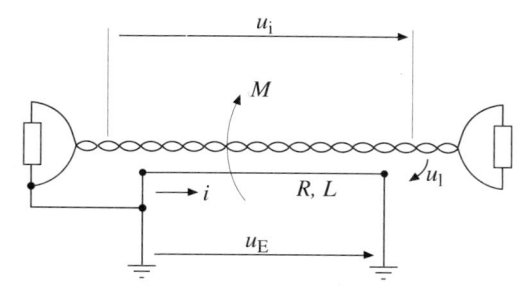

Bild 18 Längsspannung u_l bei Sekundärleitungen, die nur durch eine parallel laufende Erdungsleitung geschirmt sind [11]

5.3 Auswahl eines Kabelschirms nach dem Kopplungswiderstand

Der Kopplungswiderstand R_K eines Kabelschirms ist nach DIN 47 250 Teil 4 [N1] definiert als das Verhältnis von Längsspannung u_l zu Schirmstrom i, wie z. B. in Bild 17 eingetragen:

$$R_K = \frac{u_l}{i}.$$

Wie bei Kaden [B5] abgehandelt (siehe auch [1]), ist der Kopplungswiderstand nur bei niedrigen Frequenzen ein ohmscher Widerstand. Bei zunehmender Frequenz wird er erst kapazitiv, dann induktiv, jedenfalls komplex. Deshalb wird er jetzt oft genauer Kopplungsimpedanz (englisch: transfer impedance) (siehe bei Schwab Seite 120 [B1]) genannt. In **Bild 19** ist der Betrag des Kopplungswiderstands als Funktion der Frequenz für unterschiedliche Schirme aufgetragen. Bei niedrigen Frequenzen ist, wie gesagt, der Kopplungswiderstand gleich dem Gleichstromwiderstand. Bei geschlossenen Rohren nimmt der Betrag des Kopplungswiderstands mit steigender Frequenz zuerst sehr langsam und dann sehr schnell aufgrund des Skin-Effekts ab. Bei nicht geschlossenen Schirmen nimmt der Kopplungswiderstand mit steigender Frequenz zunächst mehr oder weniger ab, steigt bei hohen Frequenzen aber jedenfalls wieder an.

Wenn ein Kabelschirm zum Zwecke der elektromagnetischen Schirmung und als sogenannter stromtragfähiger Schirm verwendet werden soll, wird am besten ein Schirm mit einem Gleichstromwiderstand von etwa 10 mΩ/m ausgewählt und einem Frequenzverhalten, bei dem der Betrag des Kopplungswiderstands bei 10 MHz den Gleichstromwiderstand nicht übersteigt. Das bedeutet praktisch, daß ein Kabel mit Kupfergeflechtschirm ausgesucht werden muß.

Hier ist anzumerken, daß der Frequenzverlauf des Kopplungswiderstands von Kupfergeflechtschirmen sehr unterschiedlich ist und sich mit jedem Parameter des Geflechts ändert, z. B. mit dem Schirmdurchmesser, der optischen Be-

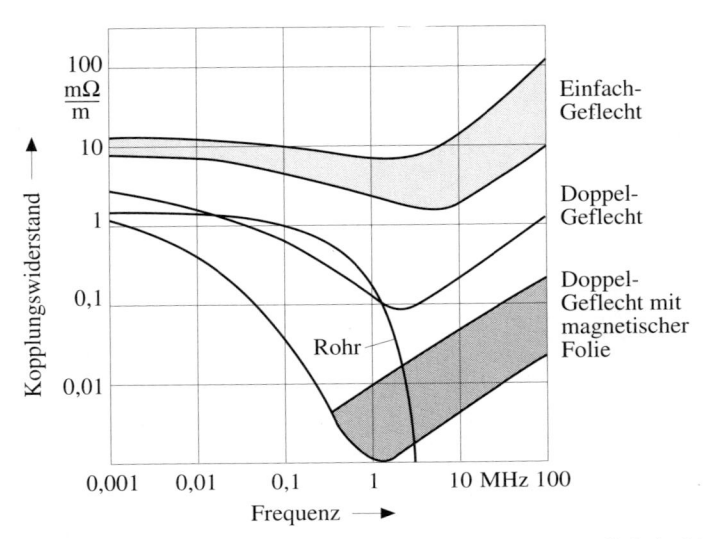

Bild 19 Betrag des Kopplungswiderstands verschiedener Kabelschirme in Abhängigkeit von der Frequenz [1]

deckung, dem Flechtwinkel usw. [12]. Letztlich muß der Kopplungswiderstand für jeden Schirm neu gemessen werden.

Das Frequenzverhalten des Kopplungswiderstands ergibt sich aus der Stromverdrängung, dem sogenannten Skin-Effekt, d. h. daraus, daß bei hohen Frequenzen der Strom gemäß **Bild 20** mehr auf der Außenseite als auf der Innenseite eines Rohrs fließt. Aus diesem Bild wird auch verständlich, wie der Spannungsfall U_3 auf der Innenseite des Schirms (das ist nämlich die Längsspannung) gegen Null gehen kann, wenn doch an der Außenseite eine Spannung, die den Strom I treibt, anliegt. Die Spannung an der Außenseite ist nach den früheren Bildern die Potentialdifferenz u_E in der Erdungsanlage. Die Spannung an der Innenseite des Schirms geht bei hohen Frequenzen gegen Null, wenn der Strom aufgrund der Stromverdrängung an der Innenseite zu Null wird.

Nach Bild 19 ist ein Doppelgeflecht günstiger als ein Einfachgeflecht. Das ist gemäß Bild 20 verständlich. Dies gilt bei hohen Störfrequenzen. Bei niedrigen Frequenzen können Doppelgeflechtschirme auch so verwendet werden, daß nur der äußere Schirm beidseitig und der innere Schirm einseitig geerdet wird. Zu diesem Thema wird verwiesen auf Anders et al. [13] und Peier, Kapitel 4.4 [B6].

5.4 Koaxiale Schirmanschlüsse

Wenn wir schon Kabelschirme nach ihrem Kopplungswiderstand aussuchen, müssen wir auch auf die Schirmanschlüsse an beiden Enden achten:

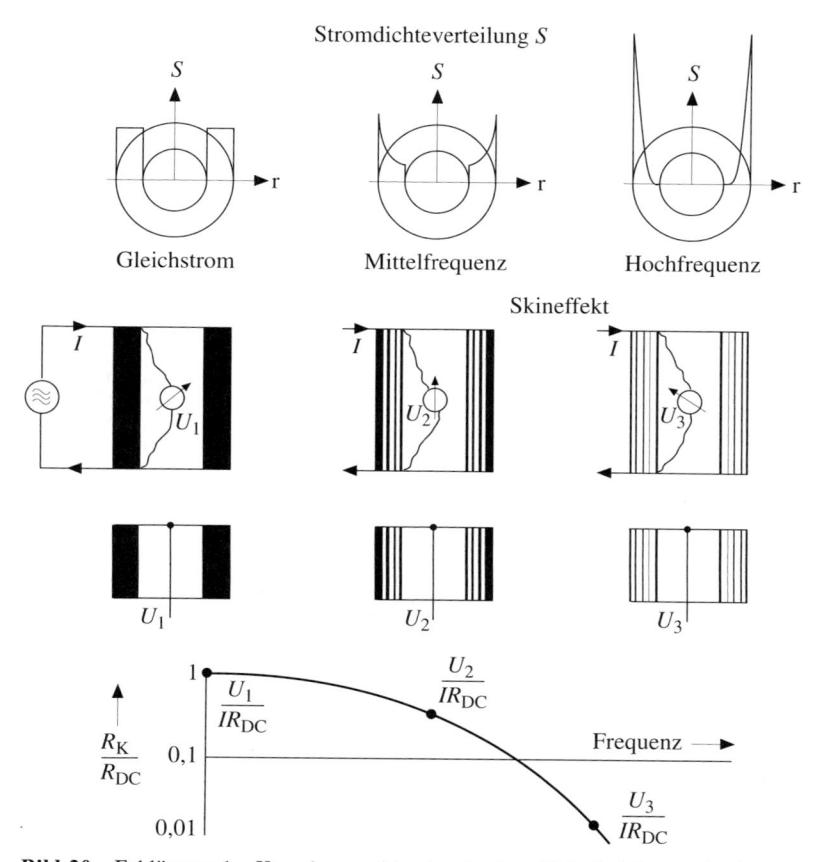

Bild 20 Erklärung des Kopplungswiderstands eines Kabelschirms mittels der Stromdichteverteilung [27]

Der auf dem Schirm fließende Strom muß koaxial abgeleitet und vorzugsweise auf die Außenwand eines Gebäudes oder Gehäuses, aushilfsweise auf eine breite Erdungsschiene, geführt werden. Das Gehäuse bzw. die Erdungsschiene muß niederinduktiv mit dem Erdungsbezugspunkt der betreffenden Sekundäreinrichtung verbunden oder selbst dieser Erdungsbezugspunkt sein. In **Bild 21** ist links ein guter Schirmanschluß an ein Gehäuse, rechts ein weniger guter Schirmanschluß gezeigt. Jeder Zentimeter Anschlußdraht hat bei nur 1 MHz eine Impedanz von 65 mΩ bis 100 mΩ. Ein mäßiger Schirmanschluß kann also die gute Qualität eines Schirms (mit $R_K < 10$ mΩ/m) zunichte machen.

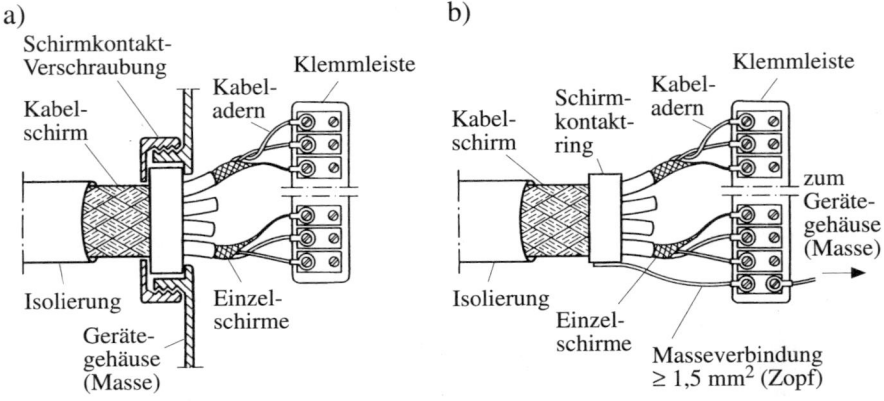

Bild 21 Geräteanschluß eines geschirmten Kabels [1]:
- der äußere Schirm ist an beiden Seiten geerdet,
- die inneren Schirme sind eventuell nur einseitig geerdet
a) koaxialer Anschluß (anzustreben)
b) Anschluß über »Zopf« und dünne Erdungsleitung (weniger wirksam)

Es ist vorteilhaft, Kabelschirme, die beispielsweise aus einer Freiluftschaltanlage kommen, nicht erst in einem Schrank innerhalb einer Warte zu erden, sondern bereits beim Eintritt der Kabel in das Wartengebäude. Für solch eine Erdung der Kabelschirme gibt es mehrere praktische Möglichkeiten, in jedem Fall muß die äußere Isolierung über dem Kabelschirm entfernt werden:
- Die Kabelschirme werden mit einer metallenen Kabelschelle auf einer Kupferschiene befestigt, die ihrerseits mit der Gebäudearmierung auf kürzestem Weg verbunden ist (siehe auch Bild 17.12 bei Habiger [B7] oder Bild 4 bei Remde und Schwarz [14]).
- Die Kabelschirme werden nebeneinander in eine mit der Armierung verbundene, metallene Wanne gelegt und gemeinsam angedrückt (**Bild 22**).
- Die Kabelschirme werden in metallene Paßstücke von exakt dem Schirmdurchmesser eingelegt. Mehrere solcher Paßstücke werden gemeinsam in einen druckfesten metallenen und geerdeten Rahmen eingelegt [15].

5.5 Schirmung der Kabeltrasse

Unter besonderen Umständen kann es erforderlich sein, nicht nur einzelne Kabel, sondern die gesamte Trasse wie mit einem Faradayschen Käfig zu schirmen. **Bild 23** zeigt die Skizze eines solchen Kabelkanals, wie er kürzlich in einem Industriewerk zwischen zwei Gebäuden (nachträglich) gebaut wurde [17]. Dieser Kabelkanal entspricht einem ABB-Patent gemäß Kronauer und Siewerth [18].

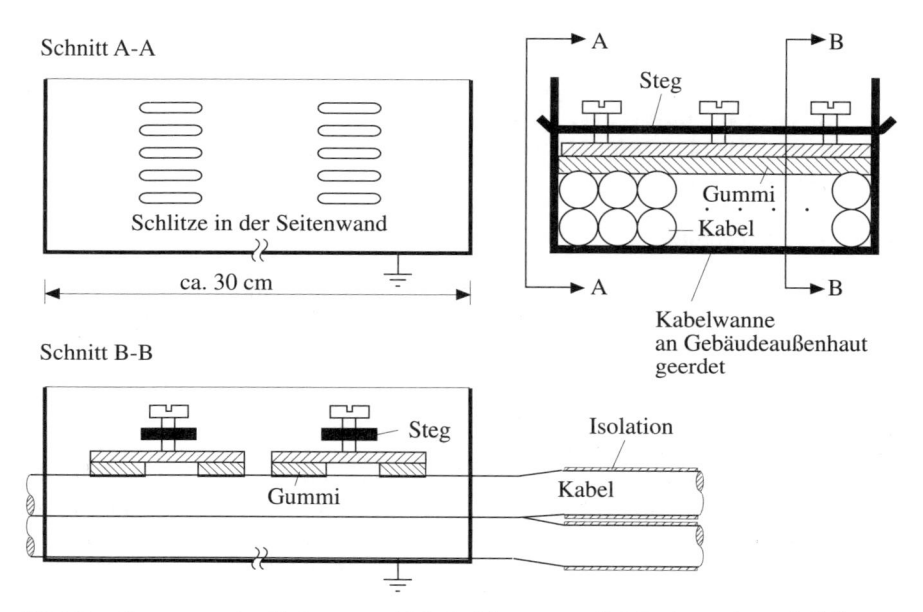

Bild 22 Gruppenweise Erdung von Kabelschirmen am Gebäudeeintritt, vgl. [16]

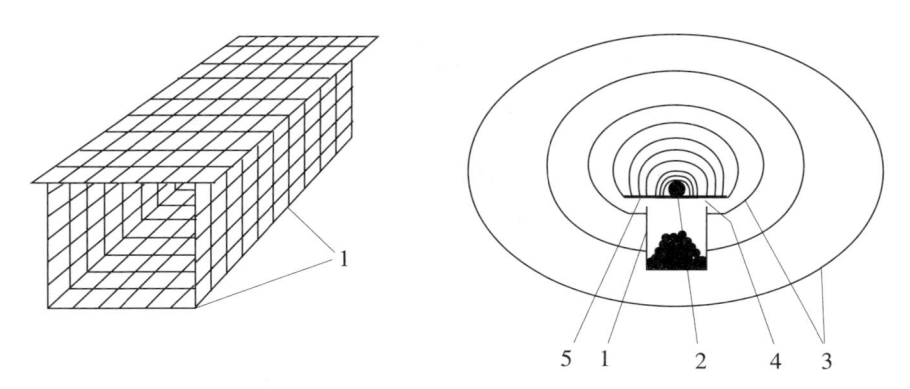

Bild 23 Geschirmter Kabelkanal [17, 18]
1 Kreuzungspunkte der Einzelstäbe (links) des Schutzkäfigs (rechts)
2 Erder
3 Magnetfeld
4 Spalt
5 Abdeckung

Rechts im Bild ist das Magnetfeld gezeigt, das sich gemeinsam um den Erder und den Schutzkäfig herum ausbildet. Beachten Sie, daß der Raum im Kabelkanal, d. h. der Raum zwischen Erder und Sekundärleitungen, trotz des Spalts zwischen Käfig und Deckel feldfrei ist. Die Theorie der Wirkungsweise dieses Kabelkanals ist die gleiche wie oben unter dem Stichwort »verteilter Kompensationstransformator« dargestellt.

5.6 Schutzleitererdung

Gemäß dem bis hierhin vorgestellten Erdungs- und Schirmungskonzept gehört der Schutzleiter von Niederspannungssystemen zur vermaschten Erdungsanlage. Der Schutzleiter muß demnach mehrfach geerdet werden, z. B. in jeder Unterverteilung.

Vorteilhafterweise werden geschirmte Niederspannungskabel verwendet, bei denen der Schirm gleichzeitig Schutzleiter ist. Dieses Konzept ist auch bei Gebäudeinstallationen zweckmäßig, in denen der Blitzschlag als Störquelle maßgeblich ist. Dies zeigt ein Bild von Schuster und Flöter [15] über die Installationen im Sendebetriebsgebäude des ZDF (**Bild 24**). Die mittlere Säule zeigt das vermaschte Erdungssystem des Gebäudes einschließlich der Armierung. In der rechten Säule ist erkennbar, daß der Schutzleiter in diese Vermaschung einbezogen ist. Die Verbindung zwischen Schutzleiter und dem Gebäudeerdungssystem im obersten Stockwerk wurde mit freundlicher Genehmigung nachgetragen.

In der linken Säule ist ein alternatives EMV-Konzept, ein Sonderfall einer Elektroinstallation, gezeigt, hier für die Fernsehtechnik. Der PE-Leiter und der Kabelschirm wurden im obersten Stockwerk nicht mit der Gebäudeerde verbunden. Es wurde ferner eine Betriebsschutzerde verlegt, die nur im Kellergeschoß geerdet ist. Das bedeutet, daß die gesamte Installation einschließlich der Schränke im obersten Stockwerk von der Gebäudeerde getrennt gehalten und isoliert werden muß. Die Isolierung muß der bei Blitzschlag im Gebäude auftretenden Längsspannung widerstehen können, und es muß sichergestellt sein, daß diese Isolierung auch für alle Zeiten Bestand hat.

▶

Bild 24 Aufbau des Erdungssystems und der Schutzleitererdung in einem Gebäude [15]
BSE-A   Betriebsschutzerde/Allgemein
BSE-S   Betriebsschutzerde/Steuerungstechnik
BSE-T   Betriebsschutzerde/Ton
BSE-V   Betriebsschutzerde/Video
EG   Erdgeschoß
OG   Obergeschoß
UG   Untergeschoß
VG   Versorgungsgeschoß

Techniknetz mit BSE für Fernsehtechnik

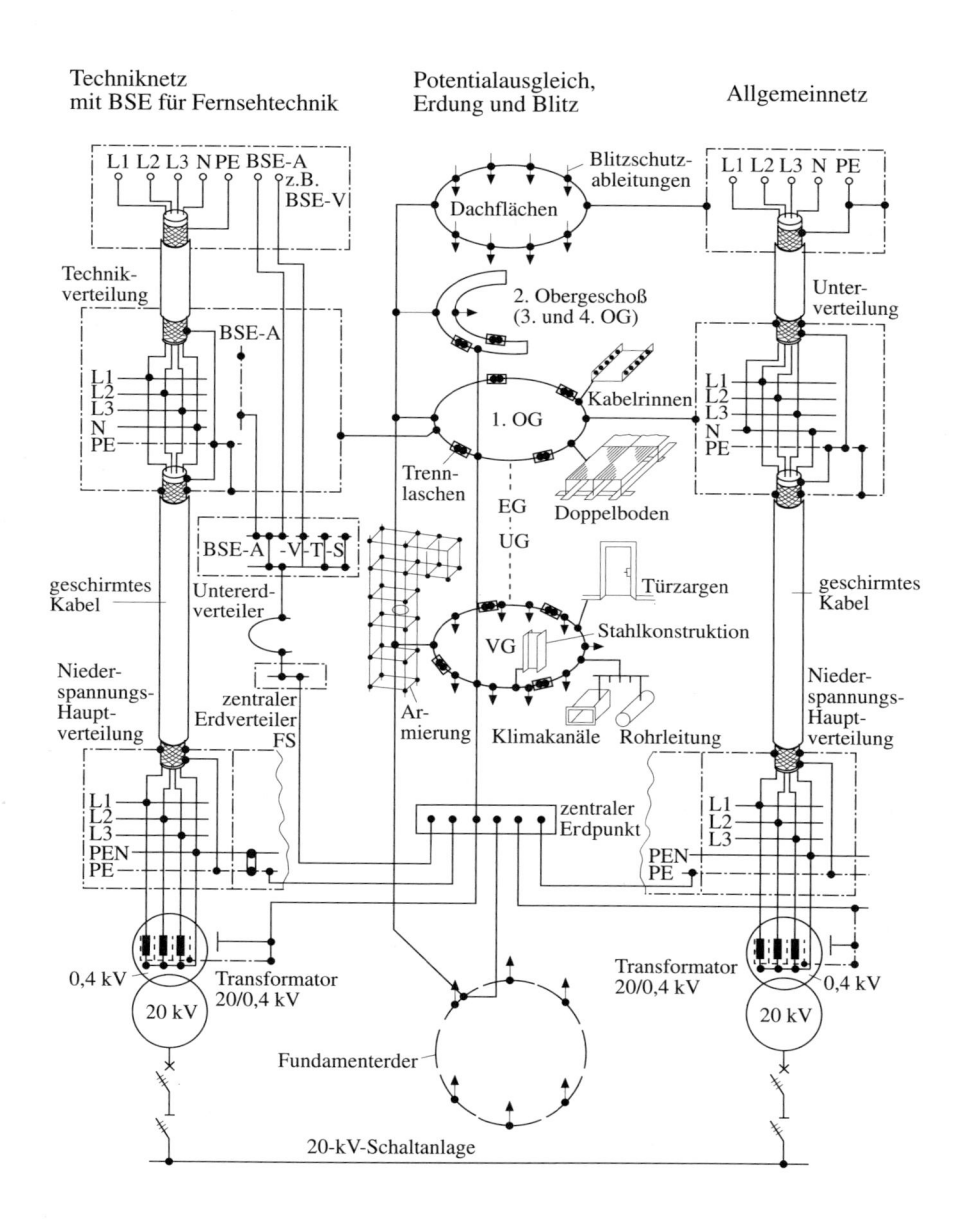

Potentialausgleich, Erdung und Blitz

Allgemeinnetz

5.7 Längen-Frequenz-Gesetz

Die Wirksamkeit aller zuvor beschriebenen Maßnahmen und insbesondere auch die Gültigkeit des Modells des verteilten Kompensationstransformators muß frequenz- und längenabhängig beurteilt werden. Die obere Grenzfrequenz für die Wirksamkeit einer Maßnahme ist begrenzt durch die Ausdehnung der Anordnung, für die sie angewendet wird ($\lambda/10$-Regel). Diese Betrachtung ist anzuwenden auf die Längen von Erdungsleitungen, von Kabelschirmen und ihren Anschlüssen, auf Kantenlängen und Öffnungen von schirmenden Gehäusen und auf die Maschenweite von Maschenerdern [B3]. Die $\lambda/10$-Regel ist in **Bild 25** grafisch dargestellt. Sie bedeutet, daß man gegen hochfrequente Störungen nur in sehr kleinen räumlichen Abmessungen schirmen kann.

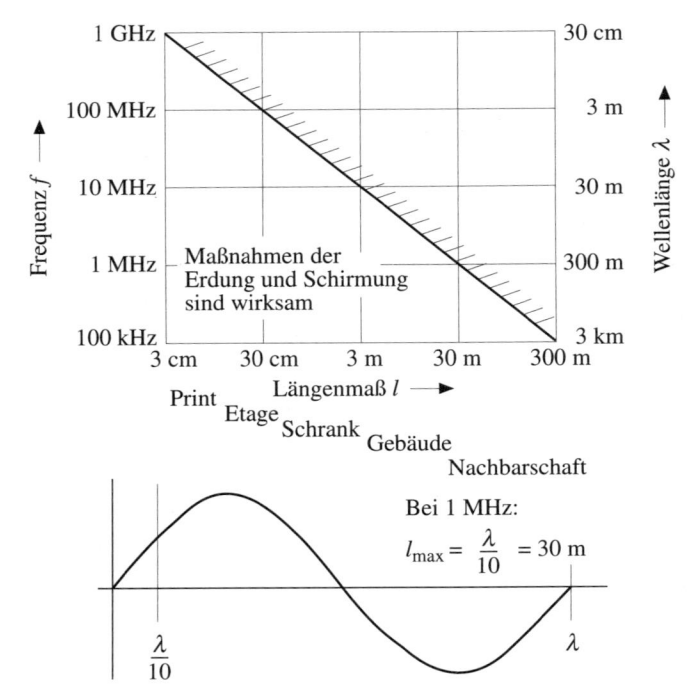

Bild 25 Längen-Frequenz-Abhängigkeit ($\lambda/10$-Regel) für die Wirksamkeit von Erdungs- und Schirmungsmaßnahmen. Nachbarschaft = Schaltanlage.

6 Maßnahmen gegen Querspannungen

Die Maßnahmen gegen Querspannungen müssen – wie gesagt – mit den Maßnahmen gegen Längsspannungen kompatibel sein. Man kann viele dieser Maßnahmen unter dem Oberbegriff der Symmetrierung zusammenfassen. Hierzu gehören [1]:
- der strahlen- oder baumförmige Aufbau der Sekundärleitungen,
- die Zweidrahtverlegung,
- die Verdrillung,
- die höchstens einseitige Erdung der Stromkreise, evtl. auch der inneren Schirme von doppelt geschirmten Kabeln,
- der erdsymmetrische Aufbau von Geräten bzw.
- der Einsatz von Trenntransformatoren o. ä.

Zweierlei soll explizit angesprochen werden:
- die Erdung von Wandlersekundärleitungen und
- die Kopplung über Erdschleifen.

6.1 Erdung von Wandlersekundärleitungen

Die Erdung der Sekundärleitungen von Strom- und Spannungswandlern zeigt ein Bild aus den Regeln des Schweizer Elektrotechnischen Vereins [N22], siehe auch [1, 5, 14].

Die Sekundärleitungen eines dreiphasigen Satzes von Strom- und Spannungswandlern sollen nur einmal geerdet werden. Zusammenhängende Stromkreise nur einmal (höchstens einmal) zu erden, ist eine Möglichkeit, Querspannungen klein zu halten. Wenn die Sekundärkreise der Wandler am Standort jedes Wandlers geerdet werden, verursachen die Potentialdifferenzen in der Erdungsanlage direkt Querspannungen in den Wandlerleitungen. Außerdem können elektromagnetische Felder von den Schalthandlungen direkt in die große Schleife zwischen dem Maschenerder und den Sekundärleitungen einkoppeln. In Deutschland werden die Sekundärstromkreise der Spannungswandler heute üblicherweise wie in **Bild 26** geerdet. Erdungspunkt ist der erste gemeinsame Klemmenkasten, in dem häufig auch die Sicherungen der Stromkreise angeordnet sind [14]. Die Stromwandlerkreise werden in Deutschland jedoch aufgrund bestimmter Konventionen am Standort jedes der Stromwandler geerdet. Deshalb ist es zu empfehlen, die Notwendigkeit dieser Art der Erdung zu überprüfen. Die einmalige Erdung zusammengeschalteter Wandlersekundärleitungen ist jedenfalls auch in Deutschland zulässig, z. B. gemäß § 14 d in DIN VDE 0141/02.64 oder gemäß Abschnitt 5.3.4.1 in DIN VDE 0141/07.89 [N2].

Für sehr komplizierte Zusammenschaltungen von Stromwandlern, z. B. bei Transformatordifferentialschutz, wird auf die IEEE-Norm C57.13.3 [N21] verwiesen. In den USA ist es üblich, den Erdungspunkt von Wandlersekundärleitungen in der Warte anzuordnen.

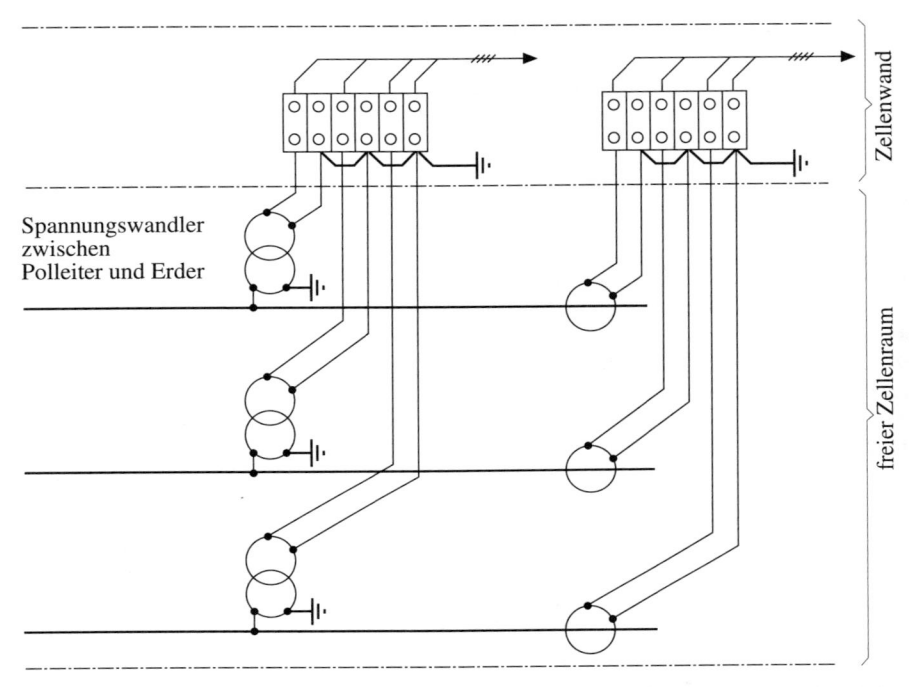

Bild 26 Erdung der Sekundärstromkreise von Strom- und Spannungswandlern nach den Regeln des Schweizer Elektrotechnischen Vereins [N22]

⏚ = Anschluß an die Anlagenerdung

6.2 Kopplung über Erdschleifen

Eine manchmal übersehene Ursache für Querspannungen ist die Kopplung über Erdschleifen gemäß **Bild 27**. Bei hohen Frequenzen stellt die Streukapazität C_S im rechten Gerät eine Verbindung zwischen dem Stromkreis und Erde her. Tritt nun eine transiente Potentialdifferenz u_E in der Erdungsanlage auf, fließen Ströme über die Signaladern. Wenn diese Signaladern eine unterschiedliche Impedanz haben, treten auf den Adern unterschiedliche Längsspannungen auf. Die Differenz der Längsspannungen ist die Querspannung u_q. Um diese zu vermeiden, muß ein Stromkreis erdsymmetrisch aufgebaut sein. Es können z. B. auf beiden Seiten der Übertragungsstrecke Trenntransformatoren verwendet werden, von denen einer in der Mitte seiner Wicklung geerdet sein kann, siehe z. B. auch Kapitel 3.1.2 bei Schwab [B1].

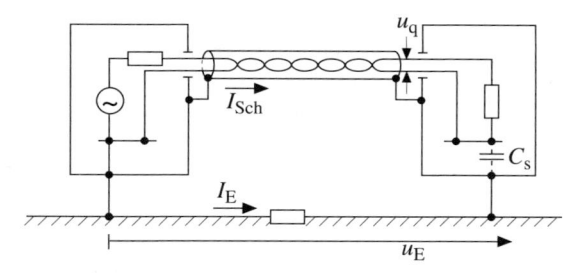

Bild 27 Erzeugung einer Querspannung u_q durch Kopplung über Erdschleifen (»ground-loop coupling«) [1]

7 Zusammenfassung der Maßnahmen

Die wichtigsten der geschilderten Maßnahmen zur Beherrschung der Längs- und Querspannungen werden nochmals gemeinsam in einem Bild (**Bild 28**) dargestellt.
Zunächst die Maßnahmen gegen Längsspannungen: Die Schaltanlage ist auf einem Maschenerder aufgebaut, die Sekundärleitungen sind parallel zu Erdern verlegt, die Kabelschirme sind beidseitig koaxial mit den geerdeten Gehäusen verbunden, parallel zu den Sekundärleitungen liegen Erdungsleitungen, zur weiteren Schirmung und Stromentlastung der Kabelschirme sind die Kabelschirme

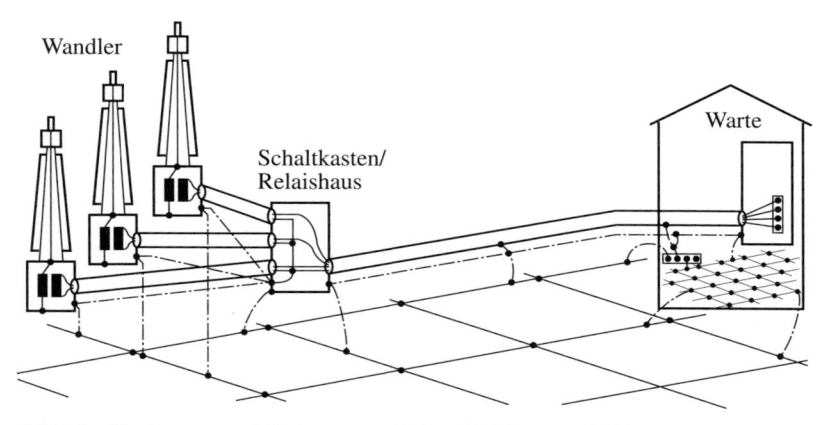

Bild 28 Verlegung und Erdung von Sekundärleitungen [B3]
- Verlegung der Sekundärleitung parallel zu Erdern,
- beidseitige, möglichst koaxiale Verbindung der Kabelschirme mit Erde,
- zusätzliche Potentialausgleichsleitung (Erdungsleitung) auf voller Länge,
- mehrfache Erdverbindung des Sekundärgeräteschranks,
- mehrfache Erdverbindung des Sekundärleitungs-Schirms,
- Wandler-Sekundärstromkreis je dreiphasiger Gruppe nur einmal geerdet

unterwegs und am Gebäudeeingang geerdet, das Gebäude ist in den Maschenerder eingebunden, die Schränke der Sekundäranlagen sind mehrfach geerdet. Als Maßnahmen gegen Querspannungen sind eingetragen, daß Sekundärstromkreise höchstens einmal zu erden sind und daß sie radial verlaufen sollen.

8 Hinweis auf Prüfungen und Normen

Bei der Aufstellung eines EMV-Plans und der Auswahl der Maßnahmen ist es erforderlich, die Störgrößen an bestimmten Schnittstellen zu quantifizieren. Eine solche Schnittstelle für leitungsgeführte Störgrößen ist die Klemmenleiste am Eingang der leittechnischen Anlagen. Für diese Schnittstelle sind in den Normen Störspannungen (und Störströme) festgelegt, denen die Sekundäranlagen widerstehen sollen. Für den Einsatz in Schaltanlagen werden fast durchweg die höchsten in den Normen vorgesehenen Festigkeiten gefordert.
Zur Quantifizierung und dem Vergleich impulsförmiger Störgrößen ist die Darstellung im Amplitudendichtespektrum durch die sogenannte EMV-Tafel nach DIN VDE 0847 Teil 1 [N17] geeignet. Dies ist eine Darstellung der Amplitudendichte in μVs über der Frequenz. Näheres hierzu siehe z. B. bei Rehder [19], Chun [20], Strnad und Chun [21], Schwab [B1] unter dem Stichwort »EMV-Tafel«, Habiger [B2] und [B7] unter dem Stichwort »Amplitudendichtespektrum« oder Smailus und Walker [22]. In den heute relevanten, nachfolgend angegebenen Prüfvorschriften werden jedoch Prüfspannungsverläufe über der Zeit spezifiziert.
Die Normen unterscheiden zwischen Isolationsprüfungen und Funktionsprüfungen. Funktionsprüfungen sind solche, bei denen eine anliegende Störspannung (bzw. ein Störstrom) die Funktion der Sekundäreinrichtung nicht gefährden soll [23]. Forderungen nach Hochfrequenzprüfungen wurden auch bei CIGRE erarbeitet [24].
Als Isolationsprüfungen sind die 50-Hz-Prüfung und die Prüfung mit einer 1,2/50-μs-Stoßspannung nach DIN VDE 0435 Teil 303 [N5] bzw. nach IEC 255-4 [N6] oder IEC 255-5 [N7] zu nennen (**Bild 29**).
Funktionsprüfungen erfolgen mit:
- der 1,2/50-μs-Stoßspannung mit verringertem Pegel gegenüber der Isolationsprüfung gemäß einer VDEW-Empfehlung [N24],
- der HF-Störprüfung nach DIN VDE 0435 Teil 303 [N5], früher auch 1-MHz-Fehlfunktionstest genannt, bzw. nach IEC 255-22-1 [N8] (**Bild 30**). Auf diese Prüfung wird auch in der VDEW-Empfehlung [N24], einer Anweisung der EVS [N25] und in einem IEC-Entwurfspapier 17C(Secr.)102 [N19] mit Prüffrequenzen von 20 kHz bis 100 MHz bzw. 100 kHz bis 50 MHz Bezug genommen (Bild 30).
- dem Fast-Transient- bzw. Burst-Test nach IEC-Richtlinie 801-4 [N13], demnächst auch in DIN VDE 0843 Teil 4, mit einer raschen Folge von Stoßspannungsimpulsen 5/50 ns (**Bild 31**).

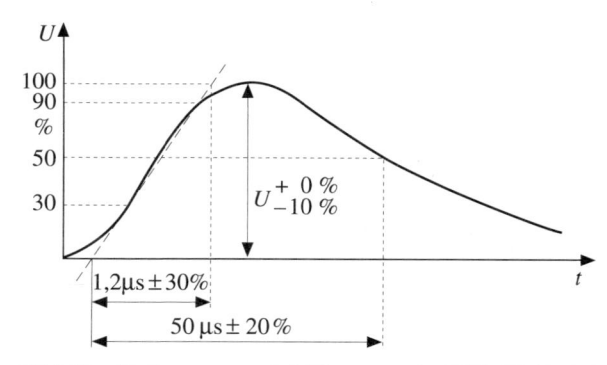

Bild 29 Stoßspannung 1,2/50 µs nach DIN VDE 0435 [N5], IEC 255-4 [N6] und IEC 255-5 [N7]

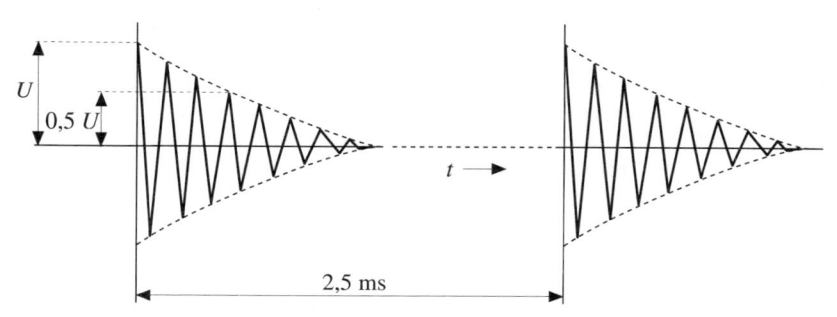

Bild 30 Hochfrequenz-(HF)-Störimpulsfolge (1-MHz-Test) nach DIN VDE 0435 [N5] und IEC 255-22-1 [N8] mit Impulsfolge von 2,5 ms [N5] bzw. 2,0 ms bis 3,3 ms [N8]

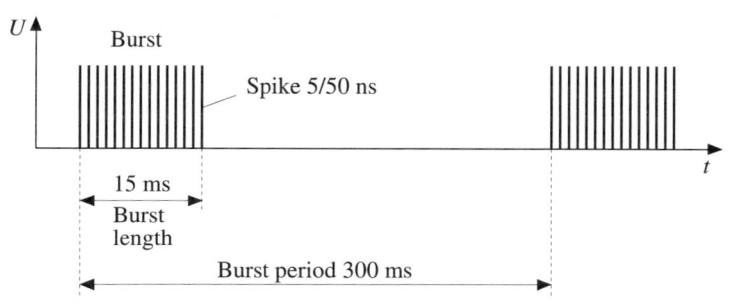

Bild 31 Burst-Impulsfolge (fast transients) nach IEC 801-4 [N13]

Auf die zukünftigen Normen IEC 801-5 (Stoßspannungsimmunitätsanforderungen) [N14] und IEC 801-6 (Continuous Wave-Stromeinspeisung) [N15] wird hier nur hingewiesen (siehe Frey [25]).
Zusätzlich zu den Prüfungen der Festigkeit gegen leitungsgeführte Störgrößen sind definiert:
- die Störfestigkeit gegen die Entladung statischer Elektrizität nach DIN VDE 0843 Teil 2 [N9] bzw. IEC 801-2 [N11]. Hierbei geht es um die Beeinflussung der Sekundäranlagen durch das Bedienpersonal.
- die Störfestigkeit gegen stationäre elektromagnetische Felder nach DIN VDE 0843 Teil 3 [N10] bzw. IEC 801-3 [N12]. Eine mehr praxisbezogene Prüfung auf die Einwirkung durch das elektromagnetische Feld von Handsprechfunkgeräten ist in der VDEW-Empfehlung [N24] (siehe auch [N25]) angegeben.

Gegen die Einwirkung von transienten elektromagnetischen Feldern aus Hochspannungsschaltanlagen gibt es derzeit keine Anforderungen, da diese bislang nicht zu Störungen geführt haben, siehe Hinweis in IEC 17C(Secr.)102 [N19]. Prüfungen mit transienten Feldern sind jedoch möglich [26] und sind im Zusammenhang mit dem nuklearen elektromagnetischen Puls (NEMP) von Bedeutung.

In **Tabelle 7** und **Tabelle 8** sind die höchsten, derzeit diskutierten Prüfwerte zusammengestellt. Demgegenüber stand bislang die Forderung der VDEW [N23], daß an der Schnittstelle am Eingang der Sekundäranlagen kein höherer Störspannungswert als 1 kV auftreten soll. Dieser Wert wird gegenwärtig bei IEC in IEC 17C(Secr.)102 [N19] für die verschiedenen Beeinflussungsarten und Meßprozeduren spezifiziert.

Tabelle 7: Übersicht über Isolationsprüfungen

	Längsspannung	Querspannung
Isolationsprüfungen 1-min-Wechselspannung ● Netzanschlußleitungen ● Rückmeldeleitungen (I) ● Steuerleitungen (O) ● Wandlerleitungen	 2000 V 2000 V 2000 V 2000 V	 – – (–)[1] –
Stoßspannung 1,2/50 µs; $R_i = 50\ \Omega$ ● Netzanschlußleitungen ● Rückmeldeleitungen (I) ● Steuerleitungen (O) ● Wandlerleitungen	 5 kV 5 kV 5 kV 5 kV	 5 kV [2] 5 kV [2] (5 kV) [1] [2] 5 kV

[1] Bei offenen metallenen Relaiskontakten ist hier nach DIN VDE 0435 [N5, Kapitel 4.2.1.2] keine Prüfung vorgesehen.
Nach IEC 255 sind Prüfungen Vereinbarungssache zwischen Hersteller und Betreiber [N7, Kapitel 4.2 e und Kapitel 6.2.3], für Stoßspannung siehe auch [N6, Kapitel E 4.2.3 Note 1]. Im Versuch sollen die Spannungsfestigkeiten ermittelt werden.

[2] 1 kV, wenn Hin- und Rückleiter in demselben Kabel verlaufen [N25, Kapitel A.1]

Tabelle 8: Übersicht über Funktionsprüfungen

	Längsspannung	Querspannung
Funktionsprüfungen Stoßspannung 1,2/50 µs; $R_2 = 50\ \Omega$ ● Rückmeldeleitungen (I) ● Steuerleitungen (O) ● Wandlerleitungen	 2,5 kV 2,5 kV 2,5 kV	 2,5 kV [1] (2,5 kV) [1] [2] 2,5 kV
HF-Störprüfung 1-MHz-Fehlfunktionstest ● Netzanschlußleitungen ● Rückmeldeleitungen (I) ● Steuerleitungen (O) ● Wandlerleitungen	 2,5 kV 2,5 kV 2,5 kV 2,5 kV	 2,5 kV [3] 2,5 kV [3] (2,5 kV) [2] [3] 2,5 kV [4]
Burst-Test ● Netzanschlußleitungen ● Rückmeldeleitungen (I) ● Steuerleitungen (O) ● Wandlerleitungen	 4 kV [5] 2 kV 2 kV 2 kV [6]	 – – – –
elektrostatischer Entladungstest ● alle Eingänge	 8 kV	
Funkstör-Beeinflussung ● alle Eingänge ● Gehäuse	27/80/160/460 MHz Funksprechgerät 2 W [7] in 30 cm Abstand (5 V/m)	

[1] 1 kV, wenn Hin- und Rückleiter im selben Kabel verlaufen [N25, Kapitel A.1.]
[2] Offene metallische Relaiskontakte werden nicht geprüft, bzw. die Prüfung ist Vereinbarungssache (siehe Tabelle 7, Anmerkung 1). Sonst 2,5 kV gemäß VDEW-Empfehlung [N24, Tabelle 2].
[3] 2,5 kV gemäß VDEW-Empfehlung [N24, Tabelle 2], sonst 1 kV
[4] gemäß DIN VDE 0435 [N5, Kapitel 4.8.2] und VDEW-Empfehlung [N24]
[5] 2 kV in Anlehnung an IEC 17C(Secr.)102 [N19]
[6] Nur in der VDEW-Empfehlung [N24, Tabelle 2] festgelegt mit 2 kV für die Messung und 4 kV für den Selektivschutz
[7] 60 MHz bis 160 MHz, 2,5 W gemäß [N25]

Literatur

Bücher

[B1] Schwab, A. J.: Elektromagnetische Verträglichkeit. Berlin: Springer-Verlag, 1990
[B2] Habiger, E.: Handbuch Elektromagnetische Verträglichkeit. Berlin u. Offenbach: vde-verlag, 1987
[B3] Asea Brown Boveri Taschenbuch »Schaltanlagen«. 8. Aufl., Düsseldorf: Cornelsen-Verlag, Schwann-Girardet, 1988, Kapitel 5.5 »Elektromagnetische Verträglichkeit«.
[B4] Hasse; Wiesinger: Handbuch für Blitzschutz und Erdung. 2. Aufl. Berlin u. Offenbach: vde-verlag gmbh, 1982
[B5] Kaden, H.: Wirbelströme und Schirmung in der Nachrichtentechnik. Berlin, Göttingen, Heidelberg: Springer-Verlag; München: J.F. Bergmann, 1959
[B6] Peier, D.: Elektromagnetische Verträglichkeit – Problemstellung und Lösungsansätze. Heidelberg: Hüthig-Verlag, 1990
[B7] Habiger, E.: Elektromagnetische Verträglichkeit – Störbeeinflussung in Automatisierungsgeräten und -anlagen. Heidelberg: Hüthig-Verlag, 1985

Normen

[N1] DIN 47 250 Teil 4 (Oktober 1981): »Hochfrequenz-(HF-)Kabel und Leitungen. Elektrische Prüfungen«
[N2] DIN VDE 0141 (Juli 1989): »Erdungen für Starkstromanlagen mit Nennspannungen über 1 kV«
[N3] DIN VDE 0185 Teil 1 (November 1982): »Blitzschutzanlage. Allgemeines für das Errichten«
[N4] »Blitzschutzanlagen. Erläuterungen zu DIN VDE 0185«. VDE-Schriftenreihe Bd. 44. Berlin u. Offenbach: vde-verlag, 1983
[N5] DIN VDE 0435 Teil 303 (September 1984): »Elektrische Relais; statische Meßrelais (SMR)«
[N6] IEC 255-4 (1976): »Single input energizing quantity measuring relays with dependent specified time«
[N7] IEC 255-5 (1977): »Electrical relays, part 5: Insulation tests for electrical relays«
[N8] IEC 255-22-1 (1988): »Electrical disturbance tests for measuring relays and protection equipment, part 1: 1 MHz burst disturbance tests«
[N9] DIN VDE 0843 Teil 2 (September 1987): »Elektromagnetische Verträglichkeit von Meß-, Steuer- und Regeleinrichtungen in der industriellen Prozeßtechnik; Störfestigkeit gegen die Entladung statischer Elektrizität; Anforderungen und Meßverfahren; Identisch mit IEC 801-2, Ausgabe 1984«
[N10] DIN VDE 0843 Teil 3 (Februar 1988): »Elektromagnetische Verträglichkeit von Meß-, Steuer- und Regeleinrichtungen in der industriellen Prozeßtechnik; Störfestigkeit gegen elektromagnetische Felder; Anforderungen und Meßverfahren; Identisch mit IEC 801-3, Ausgabe 1984«
[N11] IEC 801-2 (1984): »Electromagnetic compatibility for industrial-process measurement and control equipment. Part 2. Electrostatic discharge requirements.«
[N12] IEC 801-3 (1984): »Electromagnetic compatibility for industrial-process measurement and control equipment. Part 3. Radiated electric field requirements.«

[N13] IEC 801-4 (1988): »Electromagnetic compatibility for industrial-process measurement and control equipment. Part 4. Electrical fast transient/burst requirements«
[N14] IEC 801-5 (future): »Electromagnetic compatibility for industrial-process measurement and control equipment. Part 5. Surge voltage immunity requirements«
[N15] IEC 801-6 (future): »Electromagnetic compatibility for industrial-process measurement and control equipment. Part 6. Continuous wave requirements«
[N16] DIN VDE 0845 Teil 1 (Oktober 1987): »Schutz von Fernmeldeanlagen gegen Blitzeinwirkungen, statische Aufladungen und Überspannungen aus Starkstromanlagen. Maßnahmen gegen Überspannungen«
[N17] DIN VDE 0847 Teil 1 (November 1981): »Meßverfahren zur Beurteilung der elektromagnetischen Verträglichkeit; Messen leitungsgeführter Störgrößen«
[N18] DIN VDE 0870 Teil 1 (Juli 1984): »Elektromagnetische Beeinflussung (EMB). Begriffe«
[N19] IEC SC 17C: Committee Draft 17C(Secretariat)102 (Febr. 1991), »Electromagnetic compatibility (EMC) for secondary systems in gas-insulated metal enclosed switchgear for rated voltages of 72.5 kV and above« (vorgesehen als Ergänzung zu IEC 517, gleichlautend mit Committee Draft 17A(Secretariat)339 (März 1991))
[N20] KTA 2206: »Auslegung von Kernkraftwerken gegen Blitzeinwirkungen«, Sicherheitstechnische Regel des KTA (Kerntechnischer Ausschuß), Fassung 6/89 (Entwurf)
[N21] ANSI/IEEE C57.13.3-1983: American National Standard »Guide for the grounding of instrument transformer secondary circuits and cases«
[N22] SEV 3565-2.1985: Regeln des SEV (Schweizer Elektrotechnischer Verein), »Erden als Schutzmaßnahme in elektrischen Starkstromanlagen; Teil 2: Beispiele und Erläuterungen«
[N23] Vereinigung deutscher Elektrizitätswerke VDEW e.V.: »Empfehlungen für Maßnahmen zur Herabsetzung von transienten Überspannungen in Sekundärleitungen innerhalb von Hochspannungsschaltanlagen«, Griff 8 im VDEW-Ringbuch Schutztechnik, 1983
[N24] Vereinigung deutscher Elektrizitätswerke VDEW e.V.: VDEW-Empfehlung »Störfestigkeit von Sekundäreinrichtungen«, Dezember 1987
[N25] Energieversorgung Schwaben AG: »Störfestigkeit für Sekundärgeräte und Sekundärsysteme in Hochspannungsschaltanlagen«, Mai 1989

Aufsätze

[1] Remde, H.; Meppelink, J.; Brand, K.-P.: Elektromagnetische Verträglichkeit in Hochspannungsschaltanlagen. Elektrotechnik und Informationstechnik (e&i) 105 (1988) S. 357–370
[2] Bauer, H.; Diessner, A.; Schwierkslies, W.: Störbeeinflussungsmessungen an Steuerkabeln einer 220-kV-Schaltanlage zur Abschätzung der EMV beim Einsatz mikroelektronischer Geräte. Elektrie 44 (1990) S. 463–469
[3] Meppelink, J.; Remde, H.: Elektromagnetische Verträglichkeit bei SF_6-gasisolierten Schaltanlagen. Brown Boveri Technik 73 (1986) S. 498–502
[4] Wiggins, C. M.; Wright, S. E.: Switching transient fields in substations. IEEE Trans. on Power Delivery 6 (April 1991) S. 591–600

[5] Remde, H. E.: Herabsetzung transienter Überspannungen auf Sekundärleitungen in Schaltanlagen. Elektrizitätswirtschaft 74 (1975) S. 822–826
[6] Boggs, S. A.; Chu, F. Y.; Fujimoto, N.; Krenicky, A.; Plessl, A.; Schlicht, D.: Disconnect switch induced transients and trapped charge in gas-insulated substations. IEEE-Trans. PA&S PAS-101 (Oktober 1982) S. 3593–3602
[7] Meppelink, J.; Diederich, K.; Feser, K.; Pfaff, P.: Very fast transients in GIS, IEEE Trans. on Power Delivery 4 (Jan. 1989) S. 222–233
[8] Aanestad, H.; Deter, O.; Röhsler, H.; Lewis, J.; Strnad, A.: Substation Earthing with special regard to transient ground potential rise. Design aims to reduce associated effects. CIGRE 23-06 (1988)
[9] Pfaff, W.: TGPR-Messungen an einer SF_6-Schaltanlage. Jahresbericht 1986 des Instituts für Energieübertragung und Hochspannungstechnik der Universität Stuttgart
[10] Röhsler, H.; Strnad, A.: Überspannungsschutz von metallgekapselten gasisolierten Schaltanlagen im 420-kV-Netz. etzArchiv 6 (1984) S. 233–238
[11] Remde, H.: Funktionsweise von Kabelschirmen in der Leittechnik. Elektromagnetische Verträglichkeit, Kongreßband der EMV '88, Karlsruhe 18. – 20. Okt. 1988, Herausgeber H. R. Schmeer. Heidelberg: Hüthig Verlag, 1988, S. 289–298
[12] Homann, E.: Geschirmte Kabel mit optimalen Geflechtschirmen, ntz Nachrichtentech. Z. (1968) S. 155–161
[13] Anders et al.: Interference problems on electronic control equipment in power plants and substations – Installation and interference tests. CIGRE 36-05 (1980)
[14] Remde, H.; Schwarz, H.: Transiente Überspannungen auf Wandler-Sekundärleitungen in Hochspannungsschaltanlagen. ABB Technik (1991) H. 1, S. 29–34
[15] Schuster, M.; Flöter, W.: Planung und Durchführung von Maßnahmen für die elektromagnetische Verträglichkeit (EMV) im ZDF-Sendebetriebsgebäude. Siemens-Sonderdruck A19100-E483-A891 aus den Rundfunktechnischen Mitteilungen 29 (1985) S. 78–86
[16] Montandon, E.: Die Entwicklung der Hybriderdung bei den PTT von 1976-1986. Tech. Mitt. PTT (Bern/Schweiz) (1986) H. 8
[17] Gerlach, W.: Schutz leittechnischer Kabel vor Magneteinflüssen infolge atmosphärischer Entladungen. etz Elektrotech. Z. 110 (1989) S. 422–425
[18] Kronauer, P.; Siewerth, G.: Blitzschutz für Kraftwerke und Industriegebäude. BBC-Nachr. 64 (1982) S. 347–351
[19] Rehder, H.: Störspannungen in Niederspannungsnetzen. etzArchiv 100 (1979) S. 216–220
[20] Chun, A.: Meßtechnik und Normung im EMV-Bereich, neue Methoden und Tendenzen zum Schutz elektronischer Systeme. In »Schutz elektronischer Systeme gegen äußere Beeinflussungen«. Vortragsreihe der Arbeitsgemeinschaft des VDE-Bezirksvereins Frankfurt am Main vom 26. Januar bis 16. Februar 1981. Berlin u. Offenbach: vde-verlag, S. 97–116
[21] Strnad, A.; Chun, E. A.: Elektromagnetische Verträglichkeit von Schutzeinrichtungen. ETG-Fachtagung »Selektivschutz«, 16. – 17. März 1983, siehe auch Kurzfassung in etz Elektrotech. Z. 104 (1983) S. 115
[22] Smailus, B.; Walker, O.: Beurteilung des Störvermögens impulsförmiger Störgrößen mit Hilfe des Amplitudendichtespektrums. Elektromagnetische Verträglichkeit, Kongreßband der EMV '90, Karlsruhe 13. – 15. März 1990, Herausgeber H. R. Schmeer, Berlin u. Offenbach: vde-verlag, 1990, S. 213–221

[23] Benda, S.: Prozeßautomation mit störfester Elektronik. ABB-Technik (1991) H. 2, S. 33–38
[24] Strnad, A.; Reynaud, C.: Design aims in HV substations to reduce electromagnetic interference (EMI) in secondary systems. Electra 100 (Mai 1985) S. 87–107
[25] Frey, O.: Transiente Störphänomene. EMV Normung heute und im Europa von 1992. Bulletin. Schweizer Elekrotechnischer Verein 82 (1991) S. 43–48
[26] Dischinger, T.; Feser, K.; Köhler, W.: Migus, ein flexibler Freifeldsimulator. Elektromagnetische Verträglichkeit, Kongreßband der EMV '88, Karlsruhe 18. – 20. Okt. 1988, Herausgeber H.R. Schmeer, Heidelberg: Hüthig-Verlag, 1988, S. 175–186
siehe auch:
Feser, K.: Migus – EMP Simulator für die Überprüfung der EMV. etz Elektrotech. Z. 108 (1987) S. 420–423
[27] Meppelink, J.: Elektromagnetische Verträglichkeit (EMV) der Sekundäreinrichtungen in metallgekapselten SF_6-isolierten Hochspannungs-Schaltanlagen. Vortrag beim Seminar »Metallgekapselte Hochspannungsschaltanlagen« an der Technischen Akademie Esslingen, 20. – 21.1.1986

EMV-MESSTECHNOLOGIE
ZUKUNFT EINGEBAUT

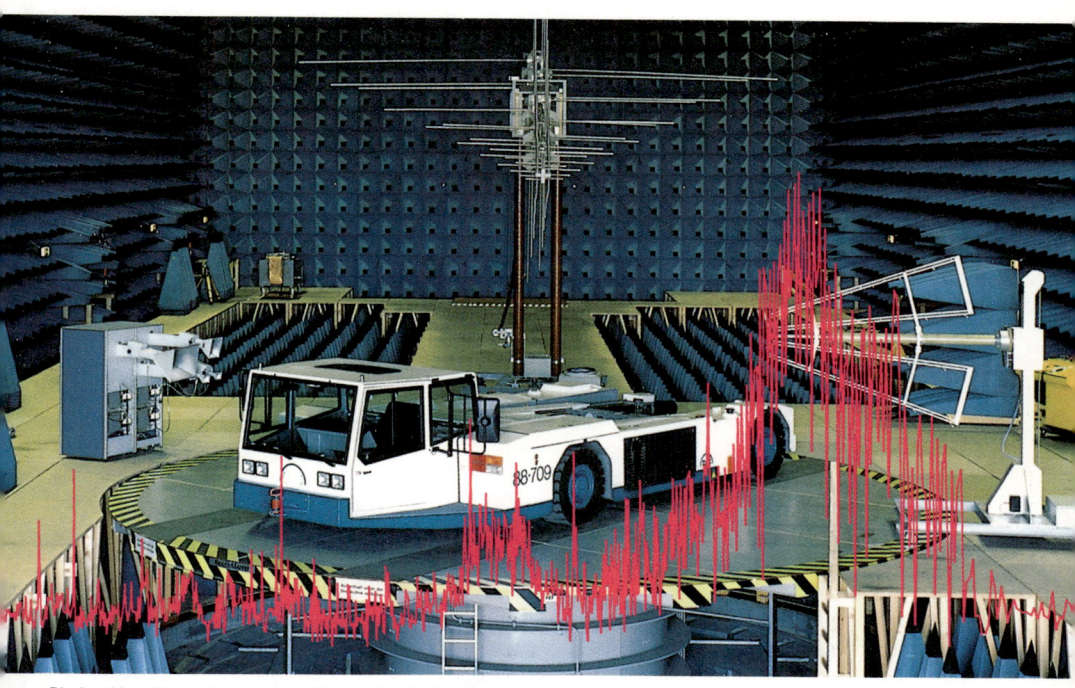

Die Anzahl und Integrationsdichte elektronischer Schaltungen, Baugruppen und Geräte in unserer Umwelt nimmt ständig zu und damit auch ihre gegenseitige elektromagnetische Beeinflussung.

Die EMV-Aufgaben der 90er Jahre stellen hohe Anforderungen an die Ingenieure und Techniker in Entwicklung, Konstruktion, Fertigung und in Prüfstellen und Qualitätssicherung.

Das einwandfreie Zusammenspiel der Geräte und Systeme vom einfachen Haushaltsgerät über Kraftfahrzeuge und industrielle und medizinische Apparate bis hin zu komplexen computergesteuerten Systemen wird in den EMV-Normen geregelt.

Für die Einhaltung existierender, auch zukünftiger EMV-Normen liefert R&S die passende Meßtechnik.

Zum Beispiel:

Test Receiver ESAI   20 Hz ... 1,8 GHz

Der erste normgerechte EMI-Meßempfänger, der zusätzlich die Vorzüge von Spektrumanalysatoren bietet.

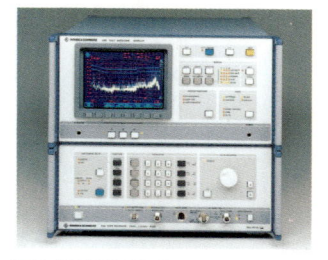

Genaue, schnelle und damit wirtschaftliche Beurteilung der EMV-Eigenschaften durch Meßgeräte und Systeme von Rohde & Schwarz – Zukunft eingebaut.

W-8000 München 80   Postfach 80 14 68   Telex 523 703 (rus d)   Telefax (0 89) 41 29 - 21 54   Tel. Internat. + (4989) 41 29 - 0

Unabhängiges Unternehmen, gegründet 1933.
5000 Mitarbeiter, vertreten in 80 Ländern.
Entwurf und schlüsselfertige Montage von
Systemen mit Software und Service.
Kalibrierung, Schulung und Dokumentation.

ROHDE & SCHWARZ

SCHAFFNER für EMV*

Die Adresse für EMV-Lösungen

- Störsimulatoren
- ESD Generatoren
- Blitzstoßgeneratoren
- Hochspannungsprüfgeräte
- Kfz-Prüfgeräte
- Netzfilter – auch nach Kundenspezifikation
- Störschutzdrosseln
- EMP Filter
- Datenleitungsfilter
- Meßlabor

*Elektromagnetische Verträglichkeit: Funkentstörung, Störfestigkeit

Alles von Schaffner
– Komponenten und Dienstleistung!

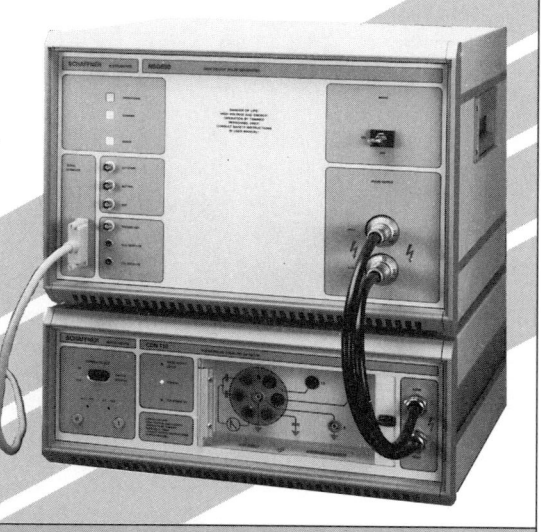

Schaffner Elektronik GmbH
Schoemperlenstraße 12 B
D-7500 Karlsruhe 21

Telefon (0721) 5691-0
Telefax (0721) 5691-10
Telex 7826671

Ausführliches Infomaterial anfordern!

EMV-orientiertes Blitz-Schutzzonen-Konzept mit Beispielen aus der Praxis

Dr.-Ing. *Peter Hasse*, Dehn + Söhne, Neumarkt/Opf.

1 Einführung

Wirtschaft, Industrie und öffentlicher Bereich sind in starkem Maße von der elektronischen Datentechnik abhängig. Elektronische Datenverarbeitungsanlagen (EDV-Anlagen) sowie Meß-, Steuer- und Regelanlagen (MSR-Anlagen) erstrecken sich über den gesamten modernen Industriebetrieb: Betriebsdaten-Erfassungsgeräte an den Produktionseinrichtungen sind mit Terminals und Computern in den Büros über informationstechnische Netze, die sich über viele Gebäude erstrecken, verbunden: Computer-Integrated Manufacturing (CIM) wird verwirklicht. Besonders »offene« Netze, in denen sowohl unterschiedliche Rechnertypen als auch unterschiedliche Betriebssysteme kommunizieren, bilden oft die Basis für CIM. Diese Entwicklung schreitet mit großer Geschwindigkeit voran und zielt jetzt auf Computer Integrated Enterprise (CIE) oder Computer Integrated Business (CIB) ab, die Vollintegration aller Verwaltungsbereiche in den EDV-Verbund: Die Zukunft gehört der rechnerintegrierten Fabrik bzw. der rechnerintegrierten Geschäfts- und Verwaltungstätigkeit.

Beispielsweise sind Computer in Bankfilialen landesweit an das Rechenzentrum ihres Mutterhauses angeschlossen. Diese »vernetzte Welt« mit ihrem immer größer werdenden Informationsfluß wird bei Störungen bzw. Ausfall der dafür notwendigen Übertragungssysteme in Fernmelde- und Datentechnik sowie bei deren Endgeräten empfindlich beeinflußt. Bei der jetzigen und in Zukunft noch stärker wachsenden Abhängigkeit von der elektronischen Datenverarbeitung kann sich ihr Ausfall sehr schnell zur Katastrophe ausweiten. Eine bereits 1987 erstellte amerikanische Studie [1] zeigt die Brisanz: Danach liegt die Überlebensfähigkeit bei ausgefallener EDV bei Banken und Sparkassen bei zwei Tagen, bei vertriebsorientierten Unternehmen bei 3,3 Tagen, bei Produktionsbetrieben bei 4,9 Tagen und bei Versicherungen bei 5,6 Tagen.

Eine Untersuchung der IBM Deutschland ergab, daß Unternehmen ohne funktionsfähige EDV nach etwa 4,8 Tagen am Rande des Ruins stehen. Im Wirtschaftsraum des Europäischen Markts dürfte sich künftig dieses Risiko noch erhöhen.

Computersicherheits-Fachleute stellen fest: »Die Realität ist, daß neun von zehn Unternehmen zumachen, wenn der Computer zwei Wochen lang ausfällt.«

Zu den häufigsten Ausfallursachen solcher elektronischer Anlagen gehören Überspannungen, die den Signalfluß beeinflussen und elektronische Betriebsmittel zerstören.

Dieses Risiko wird mit Maßnahmen der EMV beherrscht. EMV (Elektromagnetische Verträglichkeit) kennzeichnet einen Zustand, in dem sich elektrische Einrichtungen aller Art gegenseitig nicht stören und ihre Funktion auch von

elektromagnetischen Naturphänomenen, z. B. Blitz, nicht beeinträchtigt wird [2].
Die Europäische Gemeinschaft hat mit Erlaß der »Richtlinie des Rats vom 3. Mai 1989 zur Angleichung der Rechtsvorschriften der Mitgliedstaaten über die Elektromagnetische Verträglichkeit« [3] die EMV zum Schutzziel deklariert.
Alle elektrischen und elektronischen Apparate, Anlagen und Systeme, die elektrische oder elektronische Bauteile enthalten, müssen angemessene Festigkeit gegen elektromagnetische Störungen aufweisen, um bestimmungsgemäßen Betrieb zu gewährleisten.
In der Richtlinie des Rats werden folgende Einrichtungen ausdrücklich genannt:
- Industrieausrüstungen,
- Telekommunikationsnetze und -geräte,
- informationstechnische Geräte,
- private Ton- und Fernseh-Rundfunk-Empfänger,
- kommerzielle mobile Funk- und Funktelefongeräte,
- medizinische und wissenschaftliche Apparate und Geräte,
- Haushaltsgeräte und elektronische Haushaltsausrüstungen,
- Sendegeräte für Ton- und Fernseh-Rundfunk.

Diese Richtlinie wird durch ein »EMV-Gesetz« in deutsches Recht umgesetzt. Verstöße gegen das EMV-Gesetz und somit gegen die EMV-Rahmenrichtlinie werden als Ordnungswidrigkeit gelten.
In der Gefährdung aus dem elektromagnetischen Umfeld nimmt die Blitzentladung (**Bild 1**) eine herausragende Stellung ein und bestimmt damit maßgeblich die im Rahmen der EMV zu treffenden Schutzmaßnahmen.
In diesem Beitrag wird das Blitz-Schutzzonen-Konzept als umfassende und erprobte EMV-Schutzmaßnahme vorgestellt, das den aktuellen Stand der Normung und der Technik beinhaltet. Die bei der Ausführung des Blitz-Schutzzonen-Konzepts zur Anwendung kommenden Bauteile und Geräte werden in ihrer Wirkungsweise und ihrem Einsatz an praktischen Beispielen erläutert.

2 Schäden und Schadensentwicklung

Die Schäden an elektronischen Einrichtungen nehmen in starkem Maße zu, als Folge:
- der immer breiteren Einführung elektronischer Geräte,
- der abnehmenden Signalpegel und damit zunehmender Empfindlichkeit,
- der immer weiter fortschreitenden großflächigen Vernetzung.

Obwohl solche Zerstörungen an elektronischen Bauteilen oft nur wenig spektakuläre Spuren hinterlassen, sind sie meist mit langandauernden Betriebsunterbrechungen verbunden – die Folgeschäden sind dabei wesentlich höher als die eigentlichen Hardware-Schäden.
Ein bedeutender Elektronikversicherer unter den deutschen Allround-Versicherern meldet, daß sich die Kosten für Entschädigungsleistungen für sogenannte Überspannungsschäden als Folge elektromagnetischer Beeinflussungen an elek-

Bild 1 Blitze: eine herausragende elektromagnetische Störquelle
(Bild: Schaap Deventer)

tronischen Anlagen und Geräten, wie Kommunikationssysteme, Computer, Meßgeräte und medizinische Apparate, im Zeitraum von drei Jahren verdoppelt haben:
1986 waren 14 % aller Schadenszahlungen auf sogenannte Überspannungen zurückzuführen, 1989 waren es bereits 28,7 % von 13 000 Schadensfällen (**Bild 2**), damit liegen diese Schadenssummen weit über denjenigen für Brand, Wasser, Einbruch, Sabotage und Diebstahl zusammen (**Bild 3**): Überspannungen sind heute die »Elektronik-Killer« Nr. 1!
Der durch sogenannte Überspannungen verursachte Elektronikschaden an Systemen und Geräten dürfte in den alten Bundesländern der Bundesrepublik Deutschland 1990 die Milliarden-DM-Grenze überschritten haben. Analysen

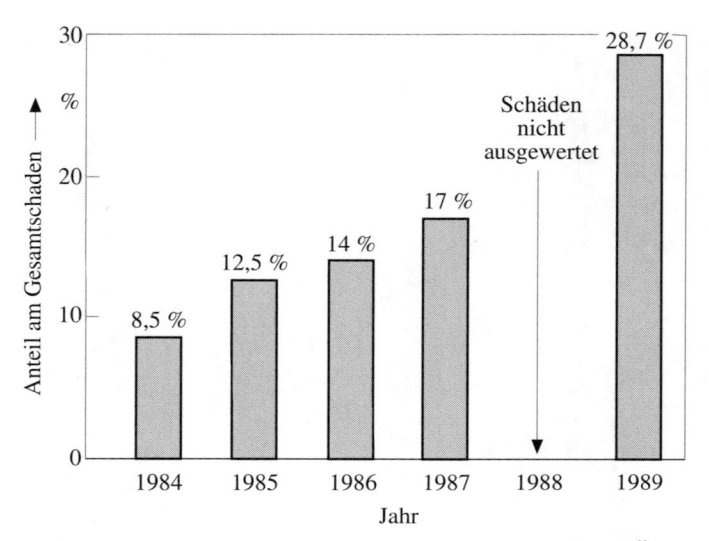

Bild 2 Entwicklung der Entschädigungen für sogenannte Überspannungsschäden im Rahmen des Gesamtschadensaufkommens
(Quelle: Württembergische Feuerversicherung AG, Stuttgart)

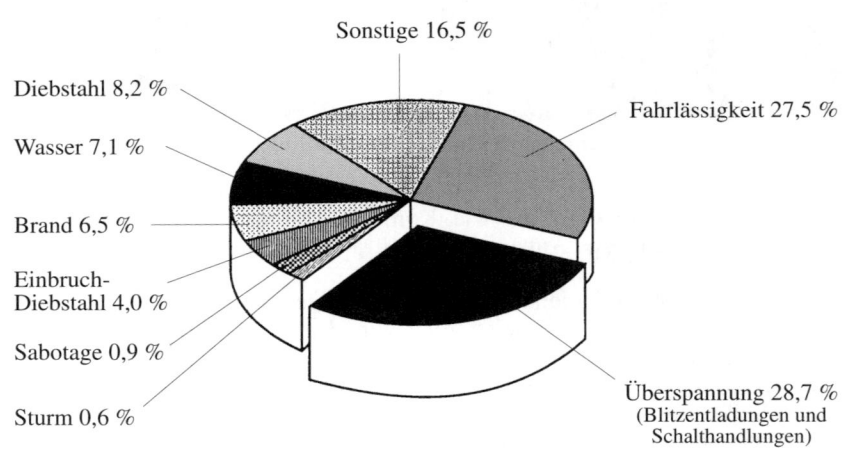

Bild 3 Elektronik-Schadensursachen 1989 (Entschädigungen)
(Quelle: Württembergische Feuerversicherung AG, Stuttgart)

dieser sogenannten Überspannungsschäden haben gezeigt, daß Blitzentladungen die dominante Störbeeinflussung sind, gefolgt von Beeinflussungen aus Schalthandlungen in energietechnischen Anlagen; hinzu kommen Gefährdungen durch elektrostatische Entladungen [4].

Weltweit gilt heute, daß der Radius des Gefährdungskreises um den Blitzeinschlagort mehr als 1 km beträgt – amerikanische Studien geben noch weit größere Radien an [5]. In diesem weiten Bereich werden elektronische Anlagen durch leitungsgebundene Störungen und Störstrahlungen beeinflußt und können zerstört werden. Dabei sei darauf hingewiesen, daß bei elektromagnetischer Beeinflussung durch Blitze der reine Hardware-Schaden nur einen geringen Anteil an der Gesamtschadenssumme ausmacht. Folgeschäden, wie Fabrik-Stillstandszeiten durch Ausfall von Rechneranlagen und Umweltverschmutzungen durch Ausfall der MSR-Einrichtungen in Chemieanlagen, bedingen den größten Anteil am tatsächlichen Gesamtschaden, ganz zu schweigen von den möglicherweise entstehenden Haftungsfragen.

Es sei auch darauf hingewiesen, daß Elektronikversicherer lediglich die Hardware-Schäden begleichen und heute in der Regel nur beim Ersteintritt für den Schaden einstehen. Danach fordern sie die Installation von Schutzmaßnahmen, entsprechend dem Stand der Normung und der Technik, oder kündigen den Versicherungsvertrag auf. Voraussetzung für den Abschluß von Neuverträgen ist in der Regel ein Nachweis vorhandener einschlägiger Schutzmaßnahmen [6].

Beispielhaft seien Schäden aus der Automobilindustrie geschildert, bei denen elektronische Einrichtungen massiv betroffen waren (**Bild 4**).

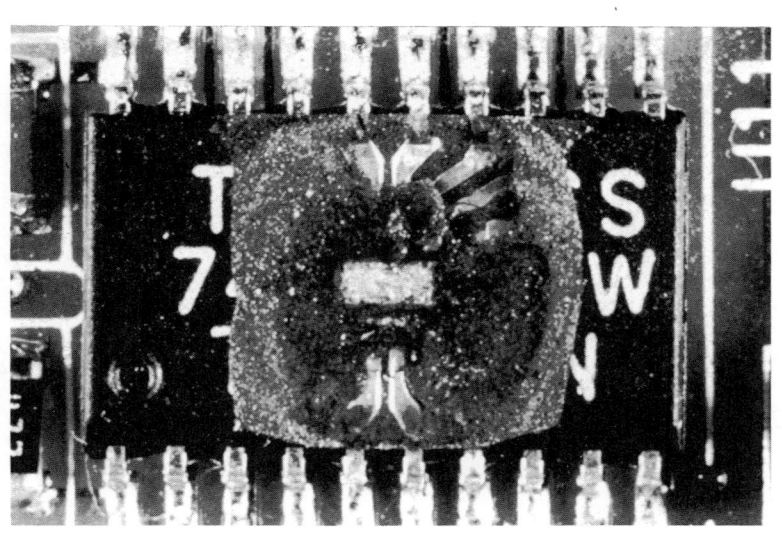

Bild 4 Durch Überspannung zerstörtes Bauteil
(Bild: TELA-Versicherung)

Umfangreiche Überspannungsschäden gab es immer wieder in Europas größtem, computergesteuerten Lastkraftwagen-Werk, der Daimler-Benz AG, in Wörth (bei Karlsruhe). Oft kam es zu Stillstandszeiten und entsprechend ausgedehnten Produktionsausfällen sowohl bei direkten Blitzeinschlägen als auch bei Ferneinschlägen.
Die Fabrikationshallen befinden sich auf einem 1,5 km langen und 1 km breiten Werksgelände. 10 000 Beschäftigte fertigen im Zweischichtbetrieb 400 Lastkraftwagen je Schicht. Die Computer in der Materialwirtschaft sind mit denjenigen in der Produktionssteuerung über eine Gleichstrom-Datenübertragung verbunden, bei der das digitale, symmetrische Übertragungssystem mit $\pm$ 350 mV arbeitet.
Anfang der 80er Jahre kam es wiederholt zu überspannungsbedingten Zerstörungen an den angeschlossenen Geräten, was jeweils den völligen Stillstand der Produktion zur Folge hatte. Deshalb wurden 1982 für die wichtigsten Übertragungsstrecken und Geräte angepaßte Schutzmaßnahmen ausgeführt. Bei den folgenden Gewittern wurden die nicht geschützten Anlageteile wiederholt beschädigt, so daß man sich 1984 entschloß, die gesamte Datenübertragungsanlage zu schützen mit dem Erfolg, daß trotz mehrmaliger Blitzeinschläge bis heute keine Beschädigungen oder gar Stillstandszeiten mehr aufgetreten sind.

3 Überspannungsgefährdete Anlagen und Bereiche

In **Tabelle 1** sind beispielhaft Anlagen und Bereiche genannt, in denen Überspannungsgefährdungen gegeben sind [7].
Überspannungsempfindliche elektronische Bauelemente und Geräte für Meß-, Steuer- und Regeleinrichtungen werden eingesetzt in:
Kraftwerken, Gasturbinenanlagen, Destillationsverfahren, Generatortechnik, Schmelzanlagen, Gießereitechniken, Herstellung chemischer Erzeugnisse, Mineralölraffination, Oberflächenbehandlung, Zellstoffgewinnung, Holzfaserplatten-Herstellung, Nahrungsmittel-Produktionsbetrieben, Tieraufzuchtbetrieben, Blockheizkraftwerken, automatischen Waschstraßen, Prüfständen und -laboratorien.
Alle in diesen Anlagen getroffenen Schutzvorkehrungen müssen erhalten werden, dies gilt für eine IP-Schutzart ebenso wie für Schutzmaßnahmen gegen Überspannungen. Betrieblicherseits werden für Anlagenkonzeptionen viele Parameter zugrunde gelegt, z. B.:
Funktionsfähigkeit, Rationalisierungsfähigkeit, Präzisionsfähigkeit, Betriebssicherheit, Unfallsicherheit, Wirtschaftlichkeit.

Tabelle 1: Überspannungsgefährdete Bereiche und Anlagen – Beispiele [7]

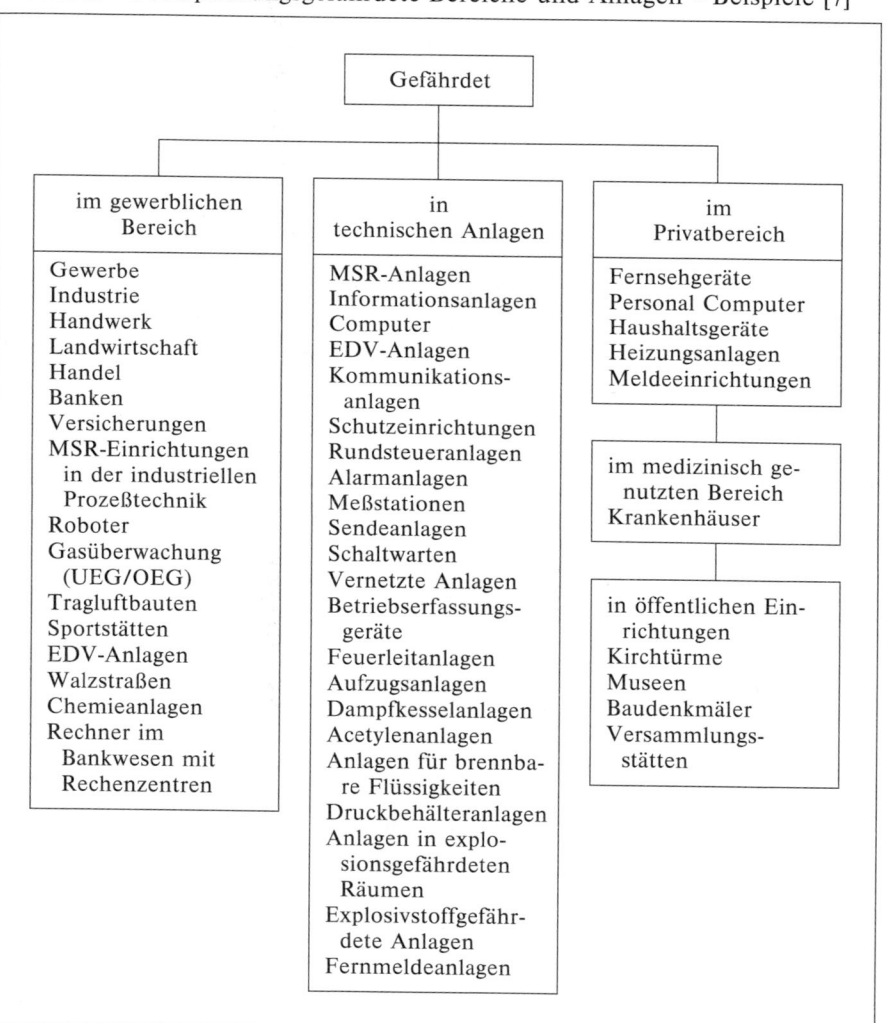

	Gefährdet	
im gewerblichen Bereich	**in technischen Anlagen**	**im Privatbereich**
Gewerbe Industrie Handwerk Landwirtschaft Handel Banken Versicherungen MSR-Einrichtungen in der industriellen Prozeßtechnik Roboter Gasüberwachung (UEG/OEG) Tragluftbauten Sportstätten EDV-Anlagen Walzstraßen Chemieanlagen Rechner im Bankwesen mit Rechenzentren	MSR-Anlagen Informationsanlagen Computer EDV-Anlagen Kommunikationsanlagen Schutzeinrichtungen Rundsteueranlagen Alarmanlagen Meßstationen Sendeanlagen Schaltwarten Vernetzte Anlagen Betriebserfassungsgeräte Feuerleitanlagen Aufzugsanlagen Dampfkesselanlagen Acetylenanlagen Anlagen für brennbare Flüssigkeiten Druckbehälteranlagen Anlagen in explosionsgefährdeten Räumen Explosivstoffgefährdete Anlagen Fernmeldeanlagen	Fernsehgeräte Personal Computer Haushaltsgeräte Heizungsanlagen Meldeeinrichtungen **im medizinisch genutzten Bereich** Krankenhäuser **in öffentlichen Einrichtungen** Kirchtürme Museen Baudenkmäler Versammlungsstätten

4 Stand der Normung

Im Abstand von etwa zwei Jahren findet die Internationale Blitzschutzkonferenz (ICLP) statt, auf der jeweils mehrere hundert Experten aus aller Welt über Beiträge aus Blitzforschung und Blitzschutztechnik diskutieren. Auch auf den jährlich abgehaltenen Konferenzen »Elektromagnetische Verträglichkeit« (EMC) wird zu Fragen des Blitzschutzes Stellung genommen.
1980 wurde bei der Internationalen Elektrotechnischen Kommission (IEC) das Technische Komitee 81 (TC 81) gegründet, das sich mit der Erstellung von Blitzschutznormen befaßt.
Der Startschuß für europäische Blitzschutznormen ist Ende 1989 gefallen: Im Rahmen des europäischen Normenverbands CENELEC sollen von der Task Force TF 62-2 Normen für »Blitzschutz und -Bauteile« erarbeitet werden.
In Deutschland werden die in **Tabelle 2** zusammengestellten Blitzschutznormen angewendet.

Tabelle 2: Normen für Blitzschutz

Nr.	Titel	Bemerkungen
DIN VDE 0185 Teil 1/11.82	Blitzschutzanlage – Allgemeines für das Errichten	
DIN VDE 0185 Teil 2/11.82	Blitzschutzanlage – Errichten besonderer Anlagen	
DIN VDE 0185 Teil 100/10.87	Festlegungen für den Gebäudeblitzschutz	identisch mit IEC 81 (CO) 6
CEI/IEC 1024-1: März 1990	Protection of structures against lightning Part 1: General principles	IEC 81 (CO) 14 Guide A – Selection of protection levels for lightning protection systems IEC 81 (CO) 15 Protection against LEMP
		CENELEC / BT (SR81) 4A CENELEC / BT (SR81) 4B

Tabelle 2 (Fortsetzung)

Nr.	Titel	Bemerkungen
VG 96 9 ..	Schutz gegen Nuklear-Elektromagnetischen Impuls (NEMP) und Blitzschlag	Verteidigungs-gerätenormen
KTA 2206/ Juni 1989	Auslegung von Kernkraftwerken gegen Blitzeinwirkung	

Stand: Juli 1991

Für Überspannungsschutz, Potentialausgleich und Isolationskoordination gelten die in **Tabelle 3** aufgeführten Normen.
Normen für Schutzgeräte sind in **Tabelle 4** enthalten.
Eine nach DIN VDE 0185 [8] normgerechte Blitzschutzanlage besteht aus »Äußerem *und* Innerem Blitzschutz«.

Tabelle 3: Normen für Überspannungsschutz/Potentialausgleich/Isolationskoordination

Nr.	Titel	Bemerkungen
DIN VDE 0100/ 05.73 § 18	Bestimmungen für das Errichten von Starkstromanlagen mit Nennspannungen bis 1000 V	§ 18
DIN VDE 0100 Teil 410/11.83	Errichten von Starkstromanlagen mit Nennspannungen bis 1000 V – Schutzmaßnahmen; Schutz gegen gefährliche Körperströme	
DIN VDE 0100 Teil 540/05.86	Errichten von Starkstromanlagen mit Nennspannungen bis 1000 V – Auswahl und Errichten elektrischer Betriebsmittel; Erdung, Schutzleiter, Potentialausgleichsleiter	

Tabelle 3 (Fortsetzung)

Nr.	Titel	Bemerkungen
DIN VDE 0110 Teil 1/01.89	Isolationskoordination für elektrische Betriebsmittel in Niederspannungsanlagen – Grundsätzliche Festlegungen	IEC-Report 664 und 664 A
DIN VDE 0110 Teil 2/01.89	Isolationskoordination für elektrische Betriebsmittel in Niederspannungsanlagen – Bemessung der Luft- und Kriechstrecken	
DIN VDE 0160/ 05.88	Ausrüstung von Starkstromanlagen mit elektronischen Betriebsmitteln	
DIN VDE 0800 Teil 1/05.89	Fernmeldetechnik – Allgemeine Begriffe, Anforderungen und Prüfungen für die Sicherheit der Anlagen und Geräte	
DIN VDE 0800 Teil 2/07.85	Fernmeldetechnik – Erdung und Potentialausgleich	
DIN VDE 0800 Teil 10/05.89	Fernmeldetechnik – Übergangsfestlegungen für Errichtung und Betrieb der Anlagen sowie ihrer Stromversorgung	
DIN VDE 0845 Teil 1/10.87	Schutz von Fernmeldeanlagen gegen Blitzeinwirkungen, statische Aufladungen und Überspannungen aus Starkstromanlagen – Maßnahmen gegen Überspannungen	

Stand: Juli 1991

Tabelle 4: Normen für Schutzgeräte

Nr.	Titel	Bemerkungen
DIN 48 810/ August 1986	Blitzschutzanlage; Verbindungsbauteile und Trennfunkenstrecken – Anforderungen und Prüfungen	Überarbeitete Fassung zur Beratung bei CENELEC
DIN VDE 0618 Teil 1/08.89	Betriebsmittel für den Potentialausgleich – Potentialausgleichsschiene (PAS) für den Hauptpotentialausgleich	
DIN VDE 0618 Teil 2 Entwurf 02.91	Betriebsmittel für den Potentialausgleich – Schellen	
DIN VDE 0675 Teil 6 Entwurf 11.89	Überspannungsableiter zur Verwendung in Wechselstromnetzen mit Nennspannungen zwischen 100 V und 1000 V	
DIN VDE 0845 Teil 2 Entwurf 11.90	Schutz von Fernmeldeanlagen gegen Blitzeinwirkungen, statische Aufladungen und Überspannungen aus Starkstromanlagen – Überspannungsschutzeinrichtungen	

Stand: Juli 1991

4.1 Äußerer Blitzschutz

In DIN VDE 0185 [8] wird nach dem damaligen Stand der Technik (1982) zwischen »Äußerem Blitzschutz« und »Innerem Blitzschutz« unterschieden:
Unter »Äußerem Blitzschutz« (**Bild 5**) versteht man alle außerhalb einer baulichen Anlage verlegten Einrichtungen zum Auffangen und Ableiten des Blitzstroms in die Erde: Gemeint ist also der geerdete »Käfig« aus Draht, der das Gebäude außen umgibt.
Die Aufgabe eines ordnungsgemäß ausgeführten Äußeren Blitzschutzes ist es, bei einem Blitzeinschlag in die geschützte bauliche Anlage grobe Schäden durch

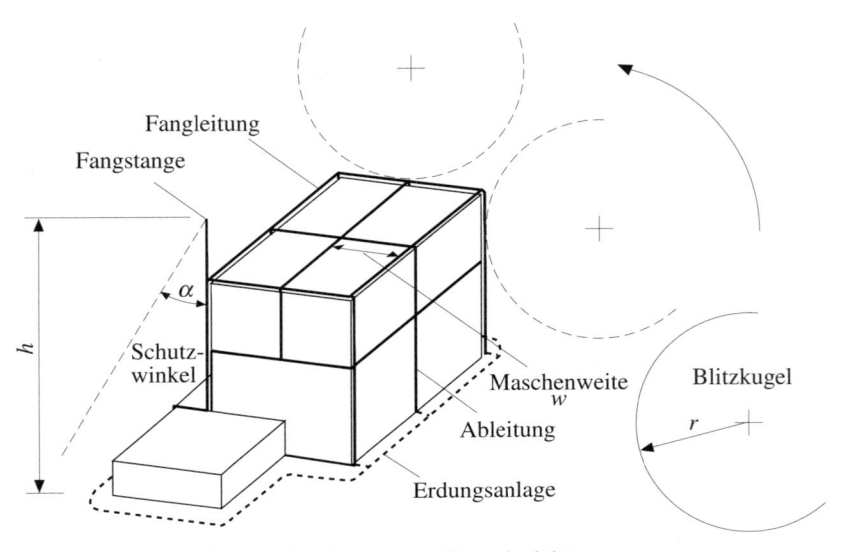

Bild 5 Verfahren für die Auslegung von Fangeinrichtungen:
- Blitzkugel,
- Schutzwinkel α,
- Maschenweite w

Brand oder mechanische Zerstörung am Gebäude selbst zu verhindern (der Schutz elektrischer Anlagen im Innern des Gebäudes wird mit Maßnahmen des »Inneren Blitzschutzes«, wie im Abschnitt 4.2 beschrieben, erreicht).
Nach CEI/IEC 1024-1 [9] werden den zu schützenden baulichen Anlagen (je nach Wichtigkeit und Wert) Schutzklassen (I bis IV) unterschiedlicher Effektivität (**Tabelle 5**) zugeordnet – entsprechend sind Schutzwinkel α bzw. Maschenweite w bemessen (**Tabelle 6**). Als übergeordnete Methode zur Festlegung von Fangeinrichtungen gilt weltweit das Blitzkugelverfahren, bei dem (z. B. im Modell, wie im **Bild 6** gezeigt) eine Kugel (mit dem der Schutzklasse entspre-

Tabelle 5: Wirkungsgrad von Blitzschutzanlagen entsprechend ihrer Schutzklasse

Blitzschutz-klasse	Wirkungsgrad einer Blitzschutzanlage E
I	0,98
II	0,95
III	0,9
IV	0,8

Tabelle 6: Anordnung der Fangeinrichtung gemäß Blitzschutzklasse [9]

Blitz-schutz-klasse	h (m) r (m)	20 $\alpha^{(0)}$	30 $\alpha^{(0)}$	45 $\alpha^{(0)}$	60 $\alpha^{(0)}$	Maschenweite (m)
I	20	25	*	*	*	5
II	30	35	25	*	*	10
III	45	45	35	25	*	10
IV	60	55	45	35	25	20

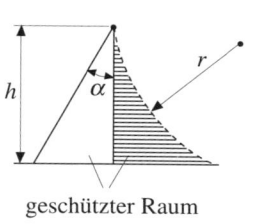

* in diesen Fällen nur Blitzkugelverfahren und Masche anwenden

h : Höhe der Fangeinrichtung über Erdboden
r : Radius der "Blitzkugel"
α : Schutzwinkel

Bild 6 Anwendung des Blitzkugelverfahrens am Modell (Maßstab 1:100) des Doms zu Erfurt: Dort, wo die »Blitzkugel« die Bauten berührt, sind Fangeinrichtungen anzuordnen (Bild: Trommer)

chenden Radius r) um und über die zu schützende Anlage gerollt wird: Überall dort, wo die Kugel die zu schützende bauliche Anlage berührt, sind Fangeinrichtungen anzubringen (Bild 5).
Bei Planung und Ausführung des Äußeren Blitzschutzes ist besonders zu achten auf Schwachstellen bei:
- Dachaufbauten und
- Näherungen.

Dachaufbauten, wie z. B. Lüfter (die über elektrische Leitungen und metallene Rohre weit in das Gebäudeinnere reichen), sind mit Fangeinrichtungen zu versehen (**Bild 7**), die sie vor Direkteinschlägen schützen.
Gefährliche Näherungen zwischen Teilen des Äußeren Blitzschutzes und elektrischen Anlagen im Innern des Gebäudes können durch örtlichen Potentialausgleich oder durch Einhalten von Mindestabständen vermieden werden. In CEI/IEC 1024-1 [9] heißt es dazu:
»Um gefährliche Funkenbildung zu vermeiden, soll, wenn kein örtlicher Potentialausgleich erreicht werden kann, der Abstand s zwischen der Blitzschutzanlage und metallenen Installationen und fremden, leitenden Teilen und Leitungen größer als der Sicherheitsabstand d sein:

$$s \geq d,$$

$$d = k_i \cdot \frac{k_c}{k_m} \cdot l,$$

Bild 7 Fangeinrichtung zum Schutz elektrischer Dachaufbauten

wobei:
k_i von der gewählten Schutzklasse der Blitzschutzanlage (**Tabelle 7**),
k_c von der geometrischen Anordnung (**Bild 8**) und
k_m vom Material in der Näherungsstrecke (**Tabelle 8**) abhängt,
$l(m)$ die Länge der Blitzschutzleitung ist, gemessen an derjenigen Stelle, an der die Näherung betrachtet wird.«

In **Bild 9** ist ein Beispiel für die Berechnung des Mindestabstands angegeben.

Tabelle 7: Werte des Koeffizienten k_i [9]

Blitzschutz-klasse	k_i
I	0,1
II	0,075
III bis IV	0,05

Tabelle 8: Werte des Koeffizienten k_m [9]

Material	k_m
Luft	1
fest	0,5

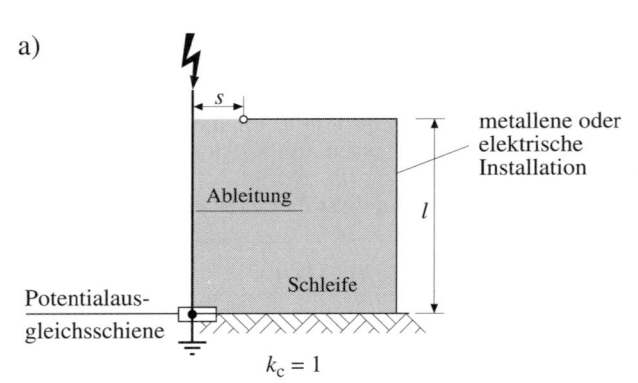

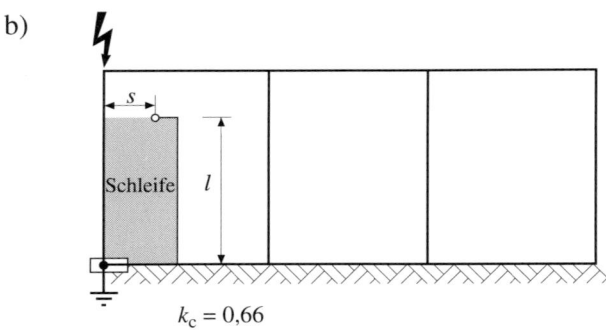

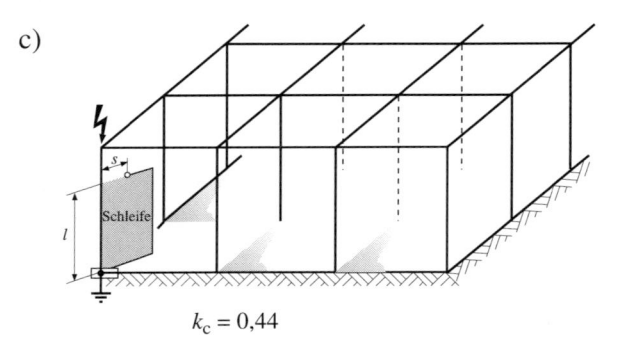

Bild 8 Näherung von Installationen zur Blitzschutzanlage – Wert des Koeffizienten k_c [9]
a) eindimensionale Anordnung
b) zweidimensionale Anordnung
c) dreidimensionale Anordnung

$$k_c = 0{,}44$$

$$s \geq k_i \cdot \frac{k_c}{k_m} \cdot l$$

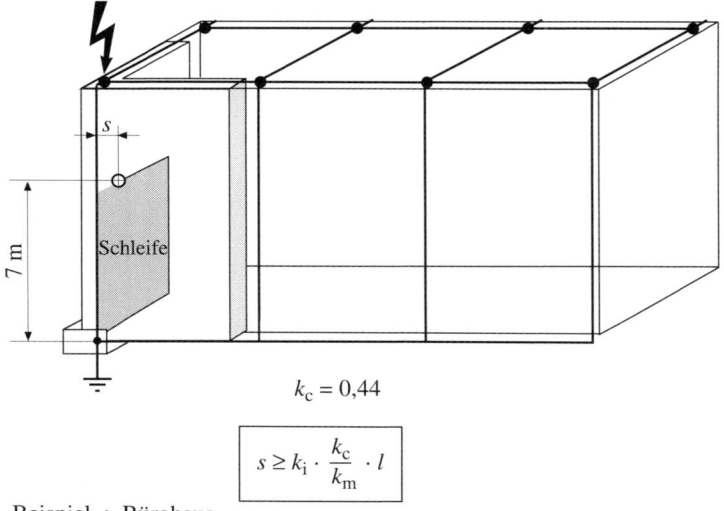

Beispiel : Bürohaus
l : 7 m
k_i : 0,075 (Schutzklasse II)
k_c : 0,44 (dreidimensionale Anordnung)
k_m : 0,5 (Feststoff)

→ $s \geq 0{,}075 \cdot \dfrac{0{,}44}{0{,}5} \cdot 7\text{ m} = 0{,}5\text{ m}$

Bild 9 Beispiel für die Berechnung des Sicherheitsabstands »s« nach CEI/IEC 1024-1: 1990 (DIN VDE 0185 Teil 100/Entwurf 10.87) [9]

4.2 Innerer Blitzschutz, Blitzschutz-Potentialausgleich, Überspannungsschutz

Nach der Blitzschutz-Norm DIN VDE 0185 [8] besteht der »Innere Blitzschutz« aus Maßnahmen gegen Wirkungen des Blitzstroms und seiner elektrischen und magnetischen Felder auf metallene Installationen und elektrische Anlagen. In erster Linie sind dies Maßnahmen des Potentialausgleichs und des Überspannungsschutzes (**Bild 10**).

Um bei einem Blitzschlag unkontrollierte Überschläge in den Gebäudeinstallationen infolge des Spannungsfalls am Erdungswiderstand auszuschließen, werden im Rahmen des Blitzschutz-Potentialausgleichs metallene Installationen, elektrische Anlagen, Blitzschutzanlage und Erdungsanlage direkt mit Leitungen oder über Blitzstromableiter und Trennfunkenstrecken miteinander verbunden; das geschieht in der Regel im Kellergeschoß eines Gebäudes und wird bei Hochhäusern ab einer Höhe von 30 m (IEC: ab 20 m Höhe) alle weiteren 20 m wiederholt.

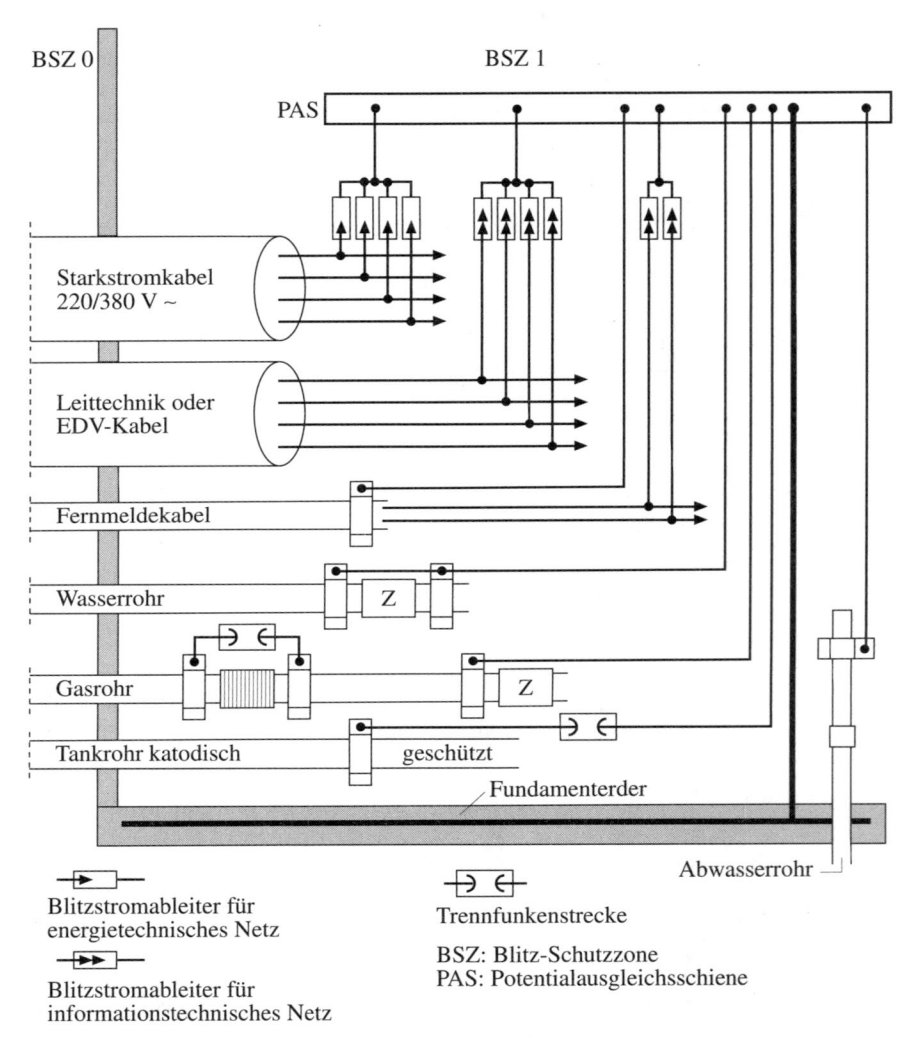

Bild 10 Blitzschutz-Potentialausgleich für eingeführte Leitungen

In DIN VDE 0185 Teil 1 [8] heißt es im Abschnitt 1.3:
»Für den inneren Blitzschutz bezüglich elektrischer Anlagen gelten die entsprechenden Festlegungen in:
DIN VDE 0100,
DIN VDE 0675 Teil 1,
DIN VDE 0675 Teil 2,
DIN VDE 0675 Teil 3,
DIN VDE 0800 Teil 1,
DIN VDE 0800 Teil 2 und
DIN VDE 0845.«
Im Abschnitt 6.3 »Überspannungsschutz für Fernmeldeanlagen und elektrische MSR-Anlagen im Zusammenhang mit Blitzschutzanlagen« dieser Norm steht:
»Der Überspannungsschutz von Fernmeldegeräten und -anlagen, insbesondere der Geräte mit elektronischen Bauteilen, muß den Festlegungen in DIN VDE 0845 sowie den Errichtungsfestlegungen für Fernmeldeanlagen nach DIN VDE 0800 Teil 2 entsprechen. Eine Gebäude-Blitzschutzanlage nach den Abschnitten 3 bis 6 reicht nicht in jedem Fall aus, Fernmeldeanlagen vor schädlichen Überspannungen zu schützen. An den Informationsverarbeitungsanlagen sind z. B. folgende Zusatzmaßnahmen anwendbar (siehe DIN VDE 0845):
- *Abschirmung der Geräte gegen induktive und kapazitive Beeinflussungen,*
- *Abschirmung der Leitungen und Kabel durch Metallmäntel, Stahlrohre, Kabelbühnen aus Blech, Kabelkanäle mit durchverbundenen Bewehrungen usw.,*
- *Einbau von Überspannungsschutzeinrichtungen zwischen aktiven Teilen und Masse oder Erde und zwischen aktiven Teilen.«*

In der Praxis zeigt sich leider immer wieder, daß diese mitgeltenden Normen beim Errichten von Blitzschutzanlagen nicht beachtet werden und daß es deswegen bei Blitzschlägen zu (vermeidbaren!) Überspannungsschäden kommt.
Im folgenden sei daher näher auf diejenigen Passagen dieser Normen eingegangen, die für den Blitz- und Überspannungsschutz wichtig sind:
DIN VDE 0800 Teil 1 [10] »Fernmeldetechnik – Allgemeine Begriffe – Anforderungen und Prüfungen für die Sicherheit der Anlagen und Geräte« gilt für *»die Sicherheit von Anlagen und Geräten der Fernmeldetechnik (im folgenden: Fernmeldeanlagen und Fernmeldegeräte; auch kurz: Anlagen und Geräte) in bezug auf die Abwendung von Gefahren für Leben oder Gesundheit (bei Menschen und Nutztieren) und für Sachen. Diese Norm gilt in gleicher Beziehung auch für die Sicherheit von Informations- bzw. Datenverarbeitungsanlagen, für die keine anderen Normen (VDE-Bestimmungen) gelten.*
Anmerkung:
Zur Fernmeldetechnik gehören z. B.:
- *Fernsprech-, Fernschreib- und Bildübertragungsanlagen jeder Art und Größe für leitungsgeführte und nichtleitungsgeführte Übertragung,*
- *Wechsel- und Gegensprechanlagen,*
- *Ruf-, Such- und Signalanlagen mit akustischer und optischer Anzeige,*
- *Lautsprecheranlagen,*
- *elektrische Zeitdienstanlagen,*

- *Gefahrenmeldeanlagen für Brand, Einbruch und Überfall,*
- *andere Gefahrenmeldeanlagen und Sicherungsanlagen,*
- *Signalanlagen für Bahn- und Straßenverkehr,*
- *Fernwirkanlagen,*
- *Übertragungseinrichtungen,*
- *rundfunk-, fernseh-, ton- und bildtechnische Anlagen.«*

In DIN VDE 0800 Teil 10 [11] »Fernmeldetechnik – Übergangsfestlegungen für Errichtung und Betrieb der Anlagen sowie ihre Stromversorgung« heißt es im Abschnitt 6.1.2:

»Sind Überspannungen zu erwarten, so müssen diejenigen Teile der Fernmeldeanlagen, an denen eine Personengefährdung möglich ist, oder die den hierdurch auftretenden Beanspruchungen nicht gewachsen sind, entsprechend geschützt werden.«

Im Abschnitt 6.3.1 dieser Norm ist festgelegt: *»Überspannungsschutzgeräte sind im allgemeinen erforderlich:*

a) zum Schutz der Fernmeldeleitungen (Freileitungen, Luftkabel, Erdkabel, Zuführungskabel) und der mit ihnen in leitender Verbindung stehenden Geräte gegen Überspannungen infolge atmosphärischer Entladung, durch Einwirkungen aus benachbarten Starkstromanlagen und bei der Möglichkeit eines direkten Spannungsübertritts aus Starkstromanlagen,

b) zum Schutz von hochempfindlichen Bauelementen (elektronische Bauelemente, Halbleiterbauelemente und dergleichen) in Geräten, wobei die Schutzwirkung durch ein Zusammenwirken der Überspannungsschutzgeräte mit weiteren Schaltelementen erreicht wird (integrierter Schutz),

c) zum Herstellen eines Potentialausgleichs zwischen nicht zu Betriebsstromkreisen gehörenden, leitfähigen Anlageteilen, wenn die zwischen diesen Teilen möglichen Überspannungen aus betrieblichen Gründen nicht durch eine leitende Verbindung ausgeglichen werden können.«

In DIN VDE 0800 Teil 2 [12] »Fernmeldetechnik – Erdung und Potentialausgleich« ist der Erdungsringleiter (**Bild 11**) im Abschnitt 6.2.2.1 wie folgt beschrieben:

»Die Herstellung eines Erdungsringleiters ist zweckmäßig, wenn das Gebäude eine große Grundfläche hat, an die Erdungsanlage empfindliche technische Einrichtungen angeschlossen und die anzuschließenden Erder und Verbindungsstellen über einen großen Teil des Gebäudes verteilt sind. Der Erdungsringleiter soll so verlaufen, daß die als Erder verwendeten leitfähigen Mäntel der Kabel, Wasserleitungs- und Heizungsrohre und dergleichen auf kürzestem Weg miteinander verbunden werden können.«

Im Abschnitt 6.2.2.1.2 dieser Norm steht:

»Als Werkstoff soll Kupfer mit Querschnitten von mindestens 50 mm^2 verwendet werden. Der Erdungsringleiter ist über Putz zweckmäßigerweise in einem Abstand von 3 cm bis 5 cm vor der Wand anzubringen.«

Weiterhin finden sich hier Hinweise über das Einbeziehen von Stahlkonstruktionen und Bewehrungen in die Erdungsanlage (**Bild 12**). *»Werden von der Funktion her besonders hohe Anforderungen an die Erdungsanlage eines Gebäudes gestellt, um Potentialunterschiede zwischen verschiedenen Stellen des Gebäudes*

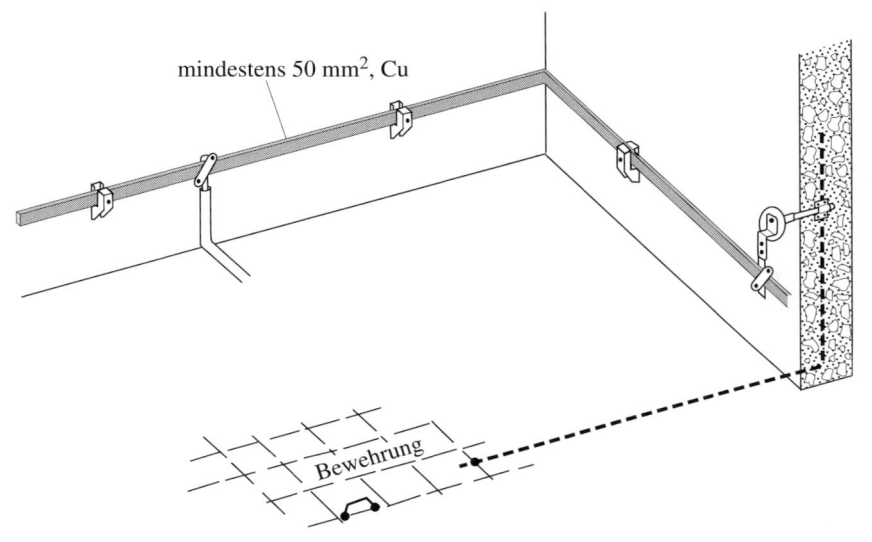

Bild 11 Blitzschutzpotentialausgleich/Erdungsringleiter nach DIN VDE 0185 bzw. DIN VDE 0800 Teil 2

sowie dadurch verursachte Ausgleichsströme zu vermeiden, sollen Vorkehrungen getroffen sein, damit die Stahlkonstruktionen und die Bewehrungen in die Erdungsanlage einbezogen werden können. Dabei soll, wenn die Bauteile der Bewehrung leitend miteinander verbunden sind, die Bewehrung an den Erdungssammelleiter (A) angeschlossen werden.
Anmerkung:
Die leitende Verbindung der Bewehrung kann z. B. durch Verschweißen oder sorgfältiges Verrödeln erreicht werden. Ist wegen der Baustatik ein Verschweißen nicht möglich, dann sollten zusätzliche Baustähle eingelegt werden, die in sich zu verschweißen und mit der Bewehrung zu verrödeln sind.
Das leitende Verbinden der Bewehrung eines Gebäudes ist – selbst bei Bauten aus Fertigteilen – nur während der Errichtung des Gebäudes möglich. Der Potentialausgleich über Stahlkonstruktionen und Bewehrung ist also bereits bei der Planung der Fundamente und des Hochbaus zu berücksichtigen.«
Wie eine leitende Verbindung der Bewehrung von Böden, Wänden und Decken mit derjenigen von Betonstützen bzw. mit Stahlstützen hergestellt werden kann, zeigt **Bild 13**.
Eine besonders wichtige mitgeltende Norm ist DIN VDE 0845 Teil 1 [13]. »Schutz von Fernmeldeanlagen gegen Blitzeinwirkungen, statische Aufladungen und Überspannungen aus Starkstromanlagen, Maßnahmen gegen Überspannungen.«

Bild 12 Mittels Stahlband durchverbundene Bewehrungsstahlmatten des Fußbodens eines Gebäudes

Hierin sind Maßnahmen gegen gefährdende oder störende Überspannungen, die durch elektromagnetische Beeinflussung, durch Blitzeinwirkung oder statische Entladungen verursacht werden, zusammengestellt; **Tabelle 9** gibt einen Überblick über die dort behandelten Beeinflussungsfälle und Schutzmaßnahmen.

4.3 Verdingungsordnung für Bauleistungen

Es sei an dieser Stelle darauf hingewiesen, daß es bei einigen Blitzschutzanlagen, die auf der Basis von DIN VDE 0185 in Auftrag gegeben wurden, zu Schäden bei Blitzschlägen kam. In anschließenden Schadensuntersuchungen wurde herausgefunden, daß wesentliche Maßnahmen des in DIN VDE 0185 genormten Inneren Blitzschutzes nicht ausgeführt bzw. die mitgeltenden Normen (insbesondere DIN VDE 0800 und 0845) nicht beachtet worden waren. Entsprechende Regreßansprüche wurden geltend gemacht und mußten ausgeglichen werden.

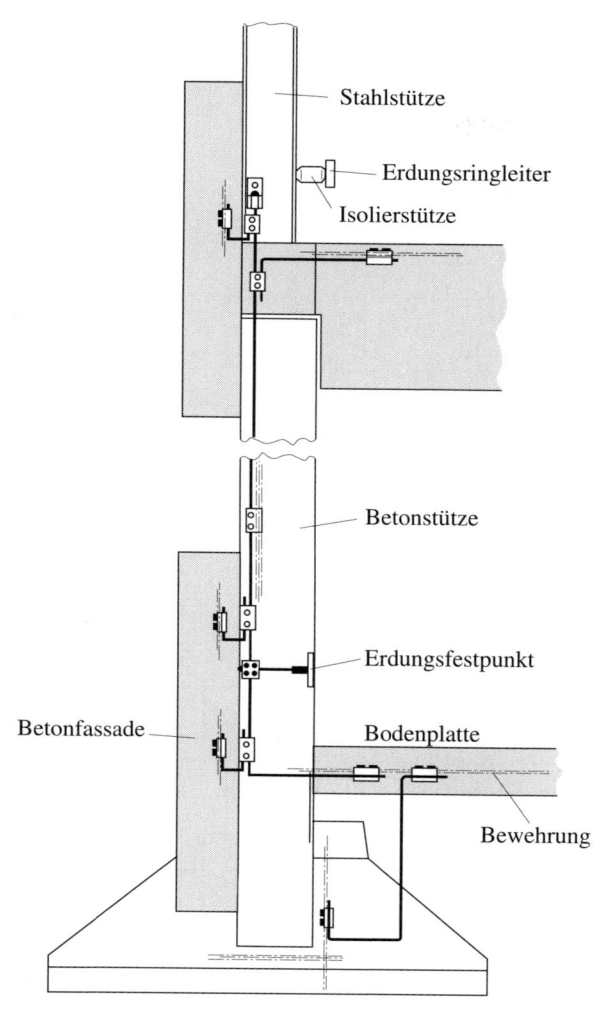

Bild 13 Gebäudeschirmung durch Zusammenschluß der Gebäudearmierung

Tabelle 9: Beeinflussungsfälle – Schutzmaßnahmen (DIN VDE 0845 Teil 1) [13]

Beeinflussung durch \ zu schützende Fernmeldeanlage	Luftkabel und anschließende Erdkabel	Erdkabel	Einrichtungen am Ende von Fernmeldeleitungen	Kabel im Anschluß an Fernmeldetürme	Kabel und Einrichtungen im Innern von Gebäuden	Kabeleinführung in Kraft- oder Umspannwerke	Fernspeisestromkreise	Stromversorgungseinrichtung der Fernmeldegeräte	Antennen und angeschlossene Kabel	Sonderfälle
Abschnitt	4.1.1 / 5.1.1 / 5.2.3	4.1.2 / 5.1.2	4.2 / 5.3	4.1.2.2	4.4.2	5.4	4.3.3 / 5.2.2	4.3.4 / 5.2.4	4.5	4.3.1 / 5.2.1
Starkstrom – Kurzzeit	•		•	•			•	•		•
Starkstrom – Langzeit	•		•	•				•		•
Blitz	•		•	•	•			•	•	•
statische Entladung	•									
transiente Vorgänge							•	•		
Hochfrequenz						•				
Schutz und Trennübertrager	X X		X X	X X				X X X X		
Reduktionstransformator			X	X						X
aktive Reduktionsschutzeinrichtung				X						X
Kabel mit Schutzwirkung			X X				X X X			X X
Kompensationsleiter			X X					X X		X X
Schirmung		X				X X	X			
Kabel mit Blitzschutzaufbau			X	X	X			X	X	X
Schirmleiter			X	X				X	X	X
metallene Schutzrohre			X	X	X X X			X	X	X
Gasentladungsableiter	X X		X X	X	X X	X X X	X X X	X X	X	X
Gleitentladungsableiter	X			X	X X		X		X	X
Trennfunkenstrecken			X		X			X X	X	
Ventilableiter / Löschfunkenstrecke								X X		
Filter			X	X	X X X	X			X	
Halbleiterbauelemente Gehörschutz			X	X					X	X
Halbleiterbauelemente Geräteschutz			X	X	X X			X X	X X	X
Metalloxidvaristoren			X	X		X			X X	X
optische Übertragung	X X X X	X X X		X	X X X	X X				X X

In manchen dieser Fälle stellte sich heraus, daß in den Leistungsverzeichnissen zwar auf DIN VDE 0185 Bezug genommen worden war, daß dann aber nur Maßnahmen für den Äußeren Blitzschutz ausgeschrieben worden sind. Nach der Verdingungsordnung für Bauleistungen (VOB, Teil B) hätten diese Unstimmigkeiten bzw. Mängel vom Auftragnehmer (hier der Blitzschutzfirma) dem Auftraggeber schriftlich mitgeteilt werden müssen, denn in der VOB, Teil B, heißt es nämlich:

»§ 3/3: Die vom Auftraggeber zur Verfügung gestellten Geländeaufnahmen und Absteckungen und die übrigen für die Ausführung übergebenen Unterlagen sind für den Auftragnehmer maßgebend. Jedoch hat er sie, soweit es zur ordnungsgemäßen Vertragserfüllung gehört, auf etwaige Unstimmigkeiten zu überprüfen und den Auftraggeber auf entdeckte oder vermutete Mängel hinzuweisen.

§ 4/2 (1): Der Auftragnehmer hat die Leistung unter eigener Verantwortung nach dem Vertrag auszuführen. Dabei hat er die anerkannten Regeln der Technik und die gesetzlichen und behördlichen Bestimmungen zu beachten.

§ 4/3: Hat der Auftragnehmer Bedenken gegen die vorgesehene Art der Ausführung (auch wegen der Sicherung gegen Unfallgefahren), gegen die Güte der vom Auftraggeber gelieferten Stoffe oder Bauteile oder gegen die Leistungen anderer Unternehmen, so hat er sie dem Auftraggeber unverzüglich – möglichst schon vor Beginn der Arbeiten – schriftlich mitzuteilen. Der Auftraggeber bleibt jedoch für seine Angaben, Anordnungen oder Lieferungen verantwortlich.«

4.4 Hinweis zur Prüfung von Blitzschutzanlagen

In DIN VDE 0185 Teil 1, Abschnitt 7.1, heißt es:
»Prüfung nach Fertigstellung: Durch Besichtigen und Messen ist festzustellen (z. B. anhand der Planungsunterlagen oder einer Beschreibung nach DIN 48 830, z. Z. Entwurf), ob die Blitzschutzanlage die Anforderungen nach den Abschnitten 3 bis 6 und den dort zitierten mitgeltenden Normen erfüllt.«
Es muß im Rahmen einer solchen Prüfung also auch festgestellt werden, ob die mitgeltenden Normen, wie z. B. DIN VDE 0800 und DIN VDE 0845, erfüllt sind!

5 EMV-Blitz-Schutzzonen-Konzept

In den vergangenen Jahren hat sich bei der Bearbeitung komplexer Anlagen mit umfangreichen fernmeldetechnischen Einrichtungen, wie Fabriken, Rechenzentren und Kraftwerken, herausgestellt, daß der Blitzschutz nicht mehr befriedigend allein auf der Basis des klassischen »Äußeren und Inneren Blitzschutzes« geplant werden kann, wie er in DIN VDE 0185 [8] beschrieben ist. Dort sind nur Einzelmaßnahmen für die Fanganordnungen, Ableitungen und Erdungsanlagen, den Blitzschutz-Potentialausgleich, die Vermeidung gefährlicher Näherungen, die Abschirmung von Feldern und die Begrenzung von leitungsgebundenen

Störungen aufgezeigt, und es wird auf mitgeltende Vorschriften der Fernmeldetechnik, insbesondere DIN VDE 0800 [10, 11, 12] und DIN VDE 0845 [13], verwiesen.

Es mußte deshalb eine geschlossene Methode des Blitzschutzes entwickelt werden, die eine klare Strukturierung einer zu schützenden Anlage ermöglicht und in die sich die o. g. Einzelmaßnahmen einordnen lassen. Es wurde erkannt, daß der Blitzschutz fernmeldetechnischer Anlagen im Grundsatz eine Maßnahme der Elektromagnetischen Verträglichkeit (EMV) ist: Die elektronischen Einrichtungen müssen in der durch einen direkten oder nahen Blitzeinschlag gestörten elektromagnetischen Umwelt überleben oder sogar störungsfrei arbeiten können.

In der deutschen Verteidigungsgerätenorm VG 96 902 [14] ist eine Methode aufgezeigt, bei der eine zu schützende Anlage in räumliche Schutzzonen aufgeteilt wird, wobei sich an der Grenze zweier Schutzzonen eindeutige Schnittflächen ergeben (**Bild 14**). Für jede Schutzzone können elektromagnetische Bedingungen

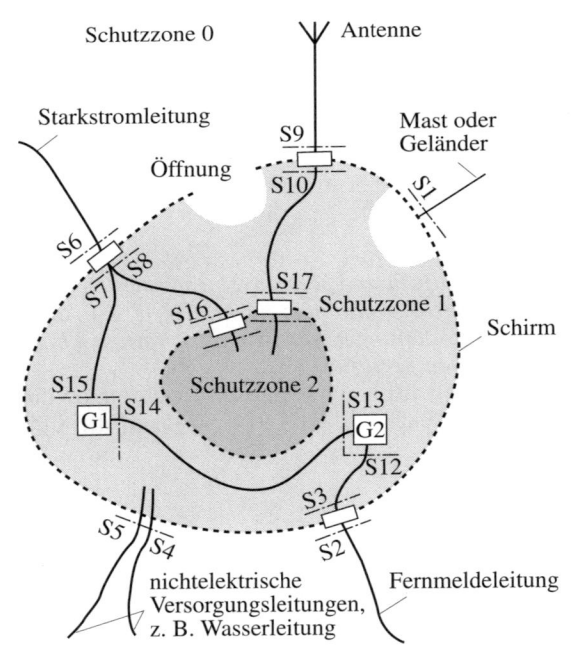

Bild 14 Beispiel für die Aufgliederung eines zu schützenden Systems in Schutzzonen nach VG 96 902 Teil 3 [14]
S Schnittstelle, fortlaufend numeriert
G Gerät

84

definiert werden (z. B. die Größe des elektrischen und magnetischen Blitzfelds sowie die Größe der leitungsgebundenen Störspannungen und -ströme) und Beschaltungen (elektrisch leitende Verbinder oder spannungsbegrenzende und stromtragfähige Ableiter) für alle metallenen Installationen, die eine Schnittfläche durchtreten, festgelegt werden.
Diese Methode der Schutzzonen erwies sich bei näherer Betrachtung als so effizient und an die Aufgabenstellung des Blitzschutzes anpaßbar, daß sie als Basis für die gesuchte Ganzheitsmethode des Blitzschutzes geeignet erschien; sie wurde in den letzten Jahren an einer Reihe unterschiedlicher Großprojekte erprobt, weiterentwickelt und in die Form eines generell anwendbaren, technischen Konzepts gebracht [15, 16, 17, 18]. Diese neuartige Methode des umfassenden, EMV-gerechten Blitzschutzes ist inzwischen auch vom Technischen Komitee TC 81 der Internationalen Elektrotechnischen Kommission (IEC) einstimmig angenommen und in die Normenarbeit integriert worden.
Eine Fortentwicklung des Schutzzonen-Modells ist die Integration von Schalt-Schutzzonen in die Blitz-Schutzzonen, so daß sowohl die Gefährdungen aus starkstromtechnischen Schalthandlungen als auch die Blitzstörungen beseitigt werden können.

5.1 Einteilung der Schutzzonen

Entsprechend dem EMV-orientierten Blitz-Schutzzonen-Konzept wird ein zu schützendes Volumen (z. B. ein Rechenzentrum) in Schutzzonen unterteilt.
Die einzelnen Schutzzonen werden durch Schirmen des Gebäudes, der Räume und der Geräte unter Ausnutzung vorhandener metallener Komponenten, wie Metallfassaden, Armierungen, Metallgehäuse usw., gebildet (**Bild 15**): Von der Feldseite (Blitz-Schutzzone 0) aus, in der direkte Blitzeinschläge und ungedämpfte elektromagnetische Felder des Blitzes (Lightning Elektromagnetic Impulse, LEMP) gegeben sind, folgen Schutzzonen mit abnehmender Gefährdung hinsichtlich leitungsgebundener Störungen und LEMP-Einwirkungen.
Das Ausbilden von Schirmkäfigen für die einzelnen Schutzzonen aus bauseits vorhandenen Bewehrungsstählen ist eine besonders wirtschaftliche Schutzmaßnahme (**Bild 16** und **Bild 17**), die jedoch im Planungsstadium bereits berücksichtigt und deren Verwirklichung während der Bauphase laufend überprüft werden muß.
An der Schnittstelle zwischen Schutzzone 0 und Schutzzone 1 sind ausnahmslos alle von der Feldseite kommenden Leitungen in den Blitzschutz-Potentialausgleich einzubeziehen mit Komponenten (z. B. Klemmen, Blitzstromableiter, Trennfunkenstrecken), die die zu erwartenden Blitzteilströme zerstörungsfrei führen können. Bei jeder weiteren Zonenschnittstelle innerhalb des zu schützenden Volumens ist ein weiterer örtlicher Potentialausgleich einzurichten, in den alle Leitungen, die diese Schnittstelle durchdringen, einbezogen werden müssen. An diesen örtlichen Potentialausgleich sind auch alle metallenen Installatio-

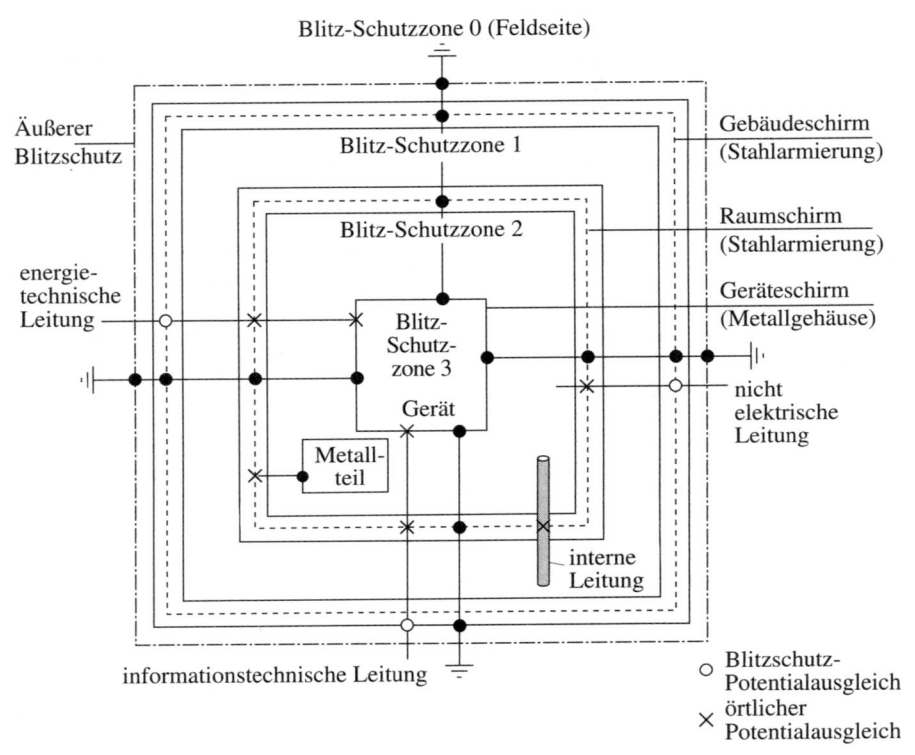

Bild 15 Definition von Blitz-Schutzzonen und Potentialausgleichsmaßnahmen (vermaschtes Erdungs- und Schirmsystem)

nen anzuschließen, die sich innerhalb der jeweiligen Schutzzone befinden (z. B. Gestelle).
Die im örtlichen Potentialausgleich zur Anwendung kommenden Bauelemente und Schutzgeräte sind entsprechend der Zonengefährdung auszuwählen. Die örtlichen Potentialausgleichsschienen sind untereinander und mit der Blitzschutz-Potentialausgleichsschiene (Schnittstelle zwischen Schutzzone 0 und Schutzzone 1) zu verbinden.
In **Bild 18** ist schematisch die Gefährdung einer Industrieanlage durch Blitze (LEMP) und Schalthandlungen (SEMP: Switching Electromagnetic Impulse) dargestellt [18].
Für die einzelnen baulichen Anlagen der zu schützenden Industrieanlage sind in einem ersten Schritt die Schutzklassen (SK) gemäß DIN VDE 0185 Teil 100 [19] bzw. IEC 1024-1 [9] festzulegen (**Bild 19**). Die Wahl der Schutzklasse erfolgt nach Wertigkeit der zu schützenden Anlage bzw. ihrer Bedeutung für die Verfügbar-

geschweißt
an Kreuzungspunkten

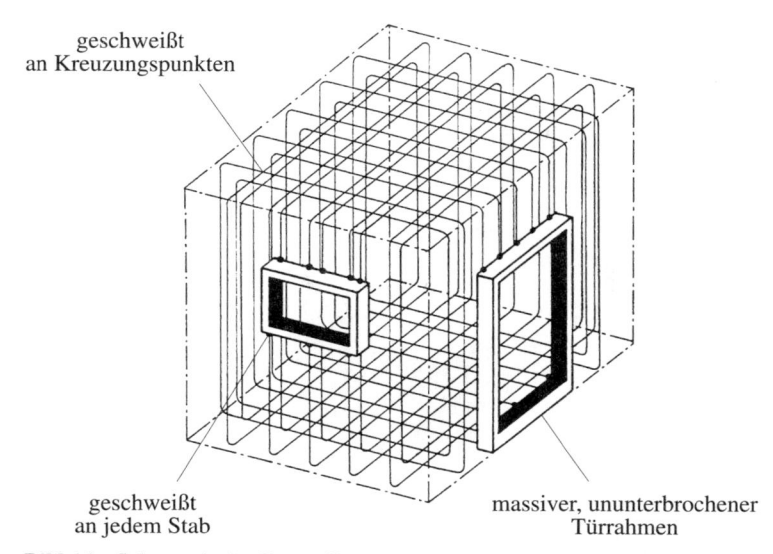

geschweißt
an jedem Stab

massiver, ununterbrochener
Türrahmen

Bild 16 Schematische Darstellung einer Abschirmung aus Bewehrungsstahl mit Öffnungen [23]

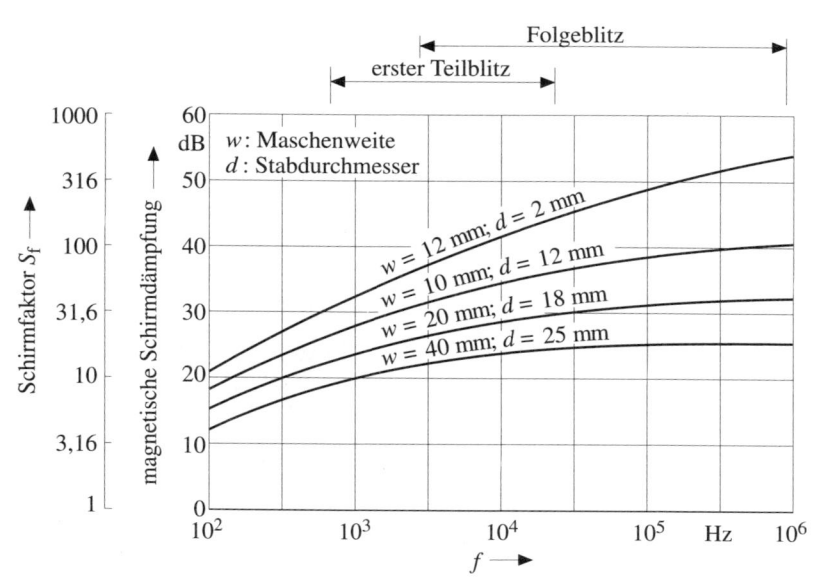

Folgeblitz

erster Teilblitz

Schirmfaktor S_f

magnetische Schirmdämpfung

w: Maschenweite
d: Stabdurchmesser

$w = 12$ mm; $d = 2$ mm
$w = 10$ mm; $d = 12$ mm
$w = 20$ mm; $d = 18$ mm
$w = 40$ mm; $d = 25$ mm

Bild 17 Abschirmwirksamkeit von Bewehrungsstahl [23]

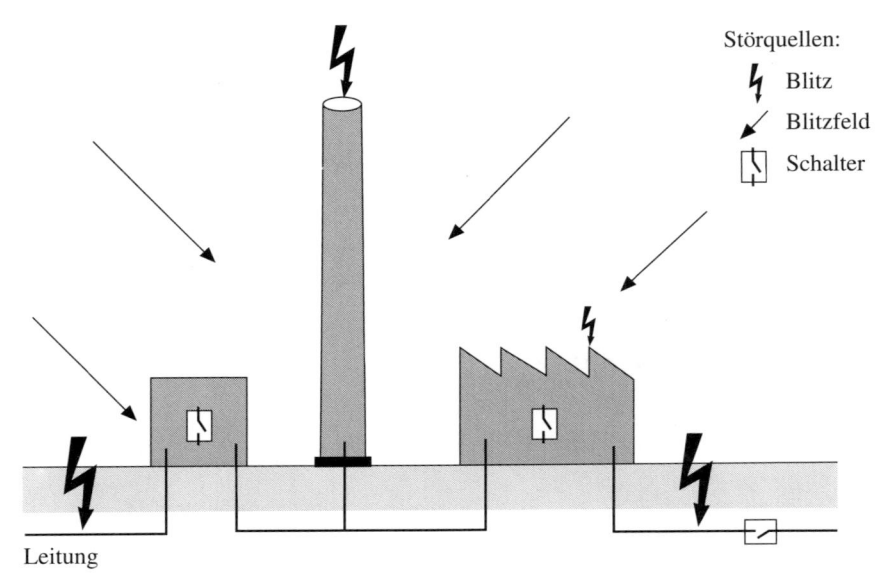

Bild 18 Gefährdung durch Blitze (LEMP) und Schalthandlungen (SEMP)

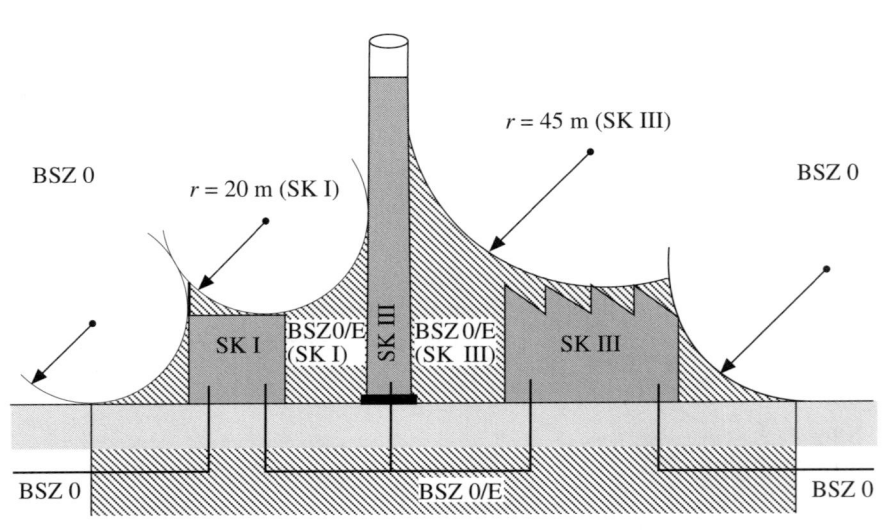

Störquellen:
- Blitz
- Blitzfeld
- Schalter

Leitung

Bild 19 Blitz-Schutzzone 0/E mit Schutzklassen
BSZ Blitz-Schutzzone
SK   Schutzklasse

keit. Für die in Bild 19 gezeigte Industrieanlage werden verschiedene Schutzklassen gewählt. Das links im Bild gezeigte Gebäude (z. B. ein Rechenzentrum) ist von hoher Wertigkeit und großer Wichtigkeit für die Verfügbarkeit der gesamten Anlage.
Für dieses Gebäude wird die Schutzklasse I festgelegt. Daraus resultiert der Kugelradius von $r = 20$ m (Tabelle 6). Die rechts im Bild angedeutete Fertigungshalle ist zwar von Wichtigkeit, jedoch nicht von so hoher Brisanz wie z. B. das Rechenzentrum. Deshalb wird hier die Schutzklasse III festgelegt, woraus sich wiederum der Kugelradius von $r = 45$ m ergibt. Für die Planung der Fangeinrichtungen wird das Blitzkugelverfahren angewendet: Jeder Schutzklasse ist ein Blitzkugelradius r zugeordnet [9].
Wie aus Bild 19 ersichtlich, ergeben sich durch die Fangeinrichtungen auf und an den zu schützenden baulichen Anlagen Bereiche, in die Blitzeinschläge entsprechend der Schutzklasse ausgeschlossen werden. Diese Bereiche außerhalb der baulichen Anlagen werden als Blitz-Schutzzone (BSZ) 0/E bezeichnet, wobei E den Einschlagschutz symbolisiert. Im übrigen Außenbereich existiert die Blitz-Schutzzone 0, in der direkte Blitzeinschläge möglich sind und die originalen elektromagnetischen Blitzfelder herrschen.
Im **Bild 20** ist für das Rechenzentrum mit der Schutzklasse I die Einteilung in Blitz-Schutzzonen und die Festlegung von Schnittflächen und -stellen dargestellt. Alle metallenen Installationen einschließlich der elektrischen Leitungen sind beim Durchtritt durch Schnittflächen an den Schnittstellen in den Potential-

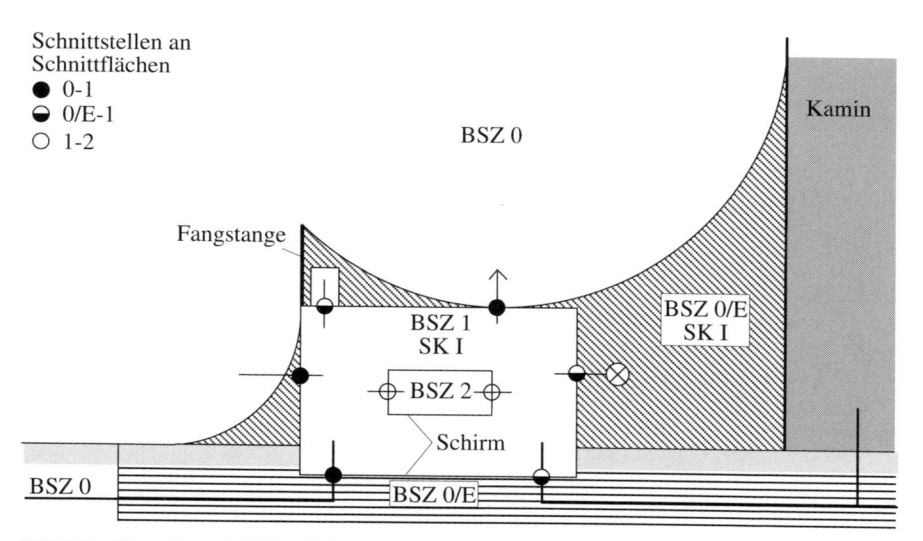

Bild 20 Einteilung in Blitz-Schutzzonen und Festlegung von Schnittflächen und Schnittstellen

ausgleich durch Verbinder oder Ableiter einbezogen. Installationen, die aus BSZ 0 in BSZ 1 eintreten, werden an den Schnittstellen im Rahmen des Blitzschutz-Potentialausgleichs [8, 9, 19] über entsprechend stromtragfähige Elemente angeschlossen. Bei Installationen, die aus BSZ 0/E in BSZ 1 eintreten, werden an den Schnittstellen gefährliche Näherungen zum Äußeren Blitzschutz [8, 9, 19] durch Verbinden beseitigt. Installationen, die aus BSZ 1 in BSZ 2 eintreten, werden an den Schnittstellen im Rahmen des Funktions-Potentialausgleichs [12, 13] angeschlossen. Die Anforderungen an Verbinder bzw. Ableiter sind je nach Zonenübergang unterschiedlich.

5.2 Gefährdungsparameter

Nachfolgend werden Gefährdungsparameter für LEMP und SEMP aufgezeigt.

5.2.1 Blitzstrom

- *Blitzstrom in Blitz-Schutzzone 0:* In VG 96 901 Teil 4 [20] sind in Übereinstimmung mit dem IEC TC 81 die Parameter von Blitzstrom-Komponenten (1. Teilblitz-Stoßstrom, Folgeblitz-Stoßstrom und Blitz-Langzeitstrom) festgelegt. Hierbei wird gemäß IEC nach drei Schutzklassen (Schutzklassen III und IV zusammengefaßt) bzw. gemäß VG nach zwei Bedrohungsklassen unterschieden (**Tabelle 10**).
- *Teilblitzströme in Blitz-Schutzzone 0:* Die Teilblitzströme über Versorgungsleitungen, die von einem getroffenen Gebäude abgehen, können gemäß IEC TC 81 abgeschätzt werden, wenn eine genaue Analyse nicht möglich oder im Aufwand nicht gerechtfertigt ist. In **Bild 21** wird angenommen, daß 50 % des

Tabelle 10: Blitzstromparameter (BSZ 0)

Schutz-klasse nach IEC	Bedro-hungs-klasse nach VG	1. Teilblitz-Stoßstrom					Folgeblitz-Stoßstrom				Blitz-Langzeitstrom	
		I kA	T_1 µs	T_2 µs	Q_s C	W/R MJ/Ω	I kA	T_1 µs	T_2 µs	I/T_1 kA/µs	Q_l C	T s
I	hoch	200	10	350	100	10	50	0,25	100	200	200	0,5
II		150	10	350	75	5,6	37,5	0,25	100	150	150	0,5
III–IV	normal	100	10	350	50	2,5	25	0,25	100	100	100	0,5

I Scheitelwert des Stroms
T_1 Stirnzeit gemäß DIN VDE 0432 Teil 2/10.78
T_2 Rückhalbwertzeit gemäß DIN VDE 0432 Teil 2/10.78
Q_s Stoßstromladung
Q_l Langzeitstromladung
W/R spezifische Energie des Stroms
T Stromdauer

```
BSZ 0        100 % des
             Blitzstroms
                  ↯        ↑ abgehendes
                             System
            BSZ 1

                           → Teilblitzstrom
                             (Systemstrom)

                             Leiterstrom
             50 % des
             Blitzstroms
```

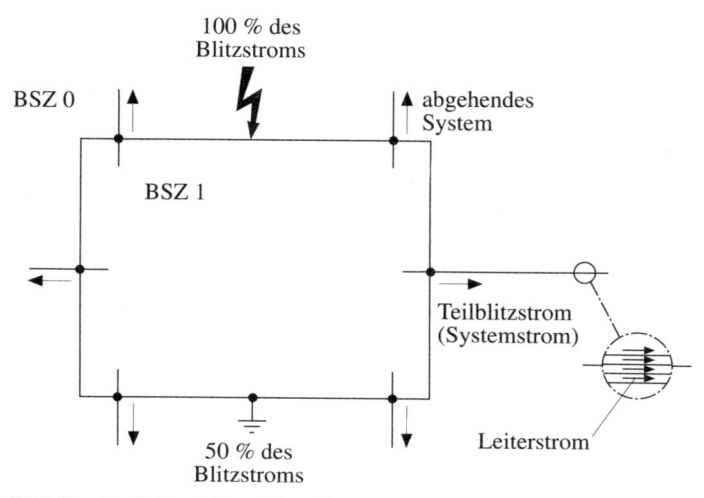

Bild 21 Teilblitzströme über Versorgungsleitungen

Blitzstroms in die Erdungsanlage der getroffenen baulichen Anlage fließen und 50 % sich gleichmäßig auf die abgehenden Versorgungssysteme (z. B. Rohrleitungen, Starkstrom- und Fernmeldekabel) verteilen. Die Teilblitzströme je Versorgungssystem teilen sich als Leiterströme wiederum gleichmäßig auf die Einzelleiter (z. B. L1, L2, L3 und PEN eines Starkstromkabels bzw. vier Adern einer Datenleitung) auf. Diese Teilblitzströme werden an der Schnittfläche der Blitz-Schutzzonen 0 und 1 definiert ein- bzw. ausgekoppelt. Im ungünstigsten Fall geht nur eine Starkstromleitung von einem Gebäude der Schutzklasse I ab, die dann über die im Blitzschutz-Potentialausgleich eingesetzten Ableiter 50 % des Blitzstromes (also $I = 100$ kA, $Q_s = 50$ C, $W/R = 2{,}5$ MJ/Ω gemäß Tabelle 10) führen muß.

- *Leitungsgebundene Blitzstörungen in den Blitz-Schutzzonen 1 bis n:* Der Potentialausgleich mit Ableitern bewirkt an jeder Schnittstelle von zwei Blitz-Schutzzonen eine Reduzierung der leitungsgebundenen Störströme bei gleichzeitiger Spannungsbegrenzung.

Das Ersatzschaltbild für eine Leitung, die von der Blitz-Schutzzone 0 bis zu einem Endgerät (Blitz-Schutzzone 3) führt, ist in **Bild 22** dargestellt. Die über diese Leitung eingeführten Störströme werden an jeder Schnittstelle bis auf einen Reststörstrom zur geerdeten Potentialausgleich-Anlage abgeleitet. Diesen ohmsch eingekoppelten Störströmen werden Störströme superponiert, die induktiv in die Leiterschleifen durch das in der jeweiligen Blitz-Schutzzone wirksame, transiente magnetische Feld induziert werden. Die Störstromreduktion an jeder Schnittstelle beträgt typisch 20 dB bis 40 dB.

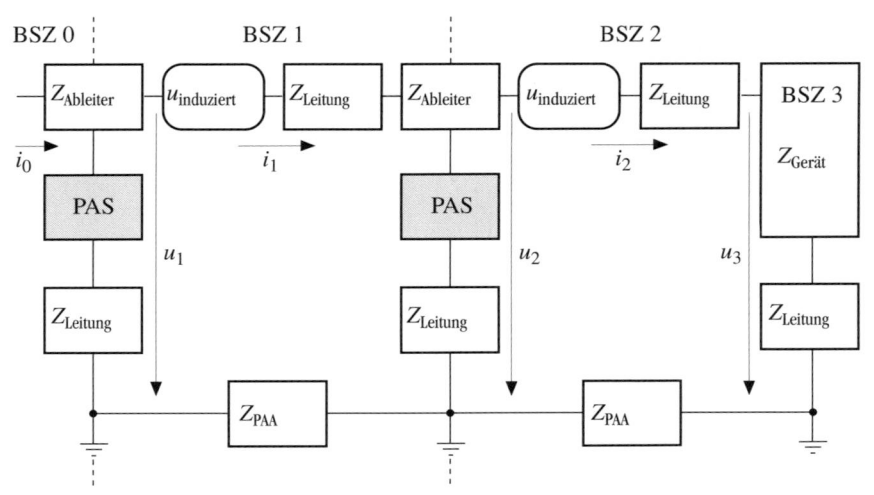

Bild 22 Ersatzschaltbild für eine Leitung
⏚ vermaschte Funktions-Potentialausgleichanlage (PAA)
PAS Potentialausgleichsschiene
BSZ Blitzschutz-Zone
$i_0 \gg i_1 \gg i_2$; $u_1 > u_2 > u_3$

Gemäß IEC TC 64 und 81 werden die transienten Spannungen an der Schnittfläche der Blitz-Schutzzonen 0 und 1 auf Pegel unter 6 kV im Starkstromnetz und unter 1,5 kV im Fernmeldenetz begrenzt. Diese Pegel werden dann sukzessive bis zum Geräteeingang entsprechend dessen Eingangsfestigkeit abgebaut. Während die Blitzteilströme in der Blitz-Schutzzone 0 in ihrem zeitlichen Verlauf dem Blitzstrom in Tabelle 10 entsprechen, werden die Blitzstörungen in den Blitz-Schutzzonen 1 bis n als kombinierte Stoßspannungs- und Stoßstrom-Störungen definiert: Die Störquelle generiert im Leerlauf eine definierte Stoßspannung und im Kurzschluß einen definierten Stoßstrom. Der Stoßwiderstand ist der Quotient aus dem Scheitelwert der Stoßspannung und des Stoßstroms. In VG 96 903 [21, 22] werden breitbandige und energiereiche Blitzstörungen aufgezeigt, die für die Blitz-Schutzzone 1 gelten können, und zwar Störungen für starkstrom- und fernmeldetechnische Leitungen (**Tabelle 11**) und Störungen für fernmeldetechnische Leitungen (**Tabelle 12**). Diese, in ihrer Amplitude entsprechend reduzierten Störungen können auch für die Blitz-Schutzzonen 2 bis n gelten.

5.2.2 Blitzfeld

- Der Blitzkanal bzw. ein blitzstromdurchflossener Einzelleiter erzeugt ein magnetisches Blitznahfeld (**Bild 23 a**):

Tabelle 11: Leitungsgeführte Blitzstörungen 10/700 µs in BSZ 1

Anforderung nach VG	U_l 9,1/720 µs kV	I_k 1,1/180 µs A	I_k 4,8/320 µs A
hoch und normal	6	340 [1]) (Z_s = 17,6 Ω)	145 [2]) (Z_s = 41,4 Ω)

[1]) für koaxiale Leitungen,
[2]) für symmetrische Leitungen
U_l Scheitelwert der Leerlaufspannung
I_k Scheitelwert des Kurzschlußstroms
Z_s Stoßwiderstand

Tabelle 12: Leitungsgeführte Blitzstörungen 1,2/50 µs in BSZ 1

Anforderung nach VG	U_l 1,2/50 µs kV	I_k 8/20 µs kA	Z_s Ω
hoch	10	10	1
normal	10	5	2

U_l Scheitelwert der Leerlaufspannung
I_k Scheitelwert des Kurzschlußstroms
Z_s Stoßwiderstand

$H_1(t) = i/(2 \pi s)$, angegeben in A/m,

mit dem Blitzstrom i, angegeben in A, und dem Abstand s, angegeben in m. Die Parameter des auf $s = 1$ m bezogenen Magnetfelds sind nach VG 96 901 [20] in **Tabelle 13** angegeben. Diese Werte sind mit den Festlegungen des IEC TC 81 konform. Bei zweidimensionalen, großmaschigen Ableitungsanordnungen (**Bild 23 b**) reduziert sich gemäß IEC [9; 19] das Feld in der Umgebung der Eckableitung H_2 auf 66 % des Werts der eindimensionalen Anordnung in Bild 23 a und entsprechend bei großmaschigen, dreidimensionalen Anordnungen (**Bild 23 c**) H_3 auf 44 %. Dies sind die »worst-case«-Werte innerhalb der Blitz-Schutzzone 0/E bzw. 1.
- Induktionswirkungen durch das magnetische Blitzfeld: Das magnetische Nahfeld des Blitzes ist dem Blitzstrom proportional. Wie aus dem in VG 96 901 [20] angegebenen Amplitudendichtespektrum des Blitzstroms zu erkennen ist, sind Frequenzen bis zu einigen MHz zu beachten. Grobe Maschen an der Grenzfläche der Blitz-Schutzzone 0 auf 1 (Bild 23), beispielsweise Ableitungen mit Maschen im 10-m-Bereich, können das magnetische Feld in der Blitz-

Tabelle 13: Magnetisches Nahfeld, bezogen auf den Abstand $s = 1$ m

Schutz-klasse nach IEC	Bedro-hungs-klasse nach VG	1. Teilblitz-Stoßstrom		Folgeblitz-Stoßstrom		Langzeit-strom
		H kA/m	H/T_1 (kA/m)/µs	H kA/m	H/T_1 (kA/m)/µs	H A/m
I	hoch	32	3,2	8	32	64
II		21	2,1	6	21	42
III–IV	normal	16	1,6	4	16	32

H Scheitelwert des Magnetfelds
T_1 Stirnzeit gemäß DIN VDE 0432 Teil 2

a)

b)

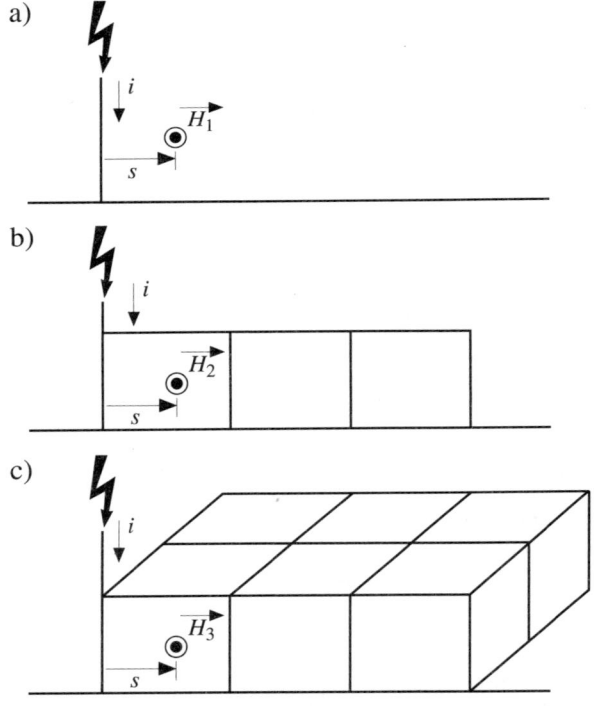

c)

Bild 23 Magnetfeld in Einschlagnähe
a) eindimensionale Anordnung
b) zweidimensionale Anordnung
c) dreidimensionale Anordnung
i Blitzstrom
s Abstand

Schutzzone 1 nur unwesentlich schwächen. Für die in eine Schleife induzierte Spannung in der Blitz-Schutzzone 1 gilt dann:

$u = \mu_0 A (dH_v/dt)$,

mit $v = 1$ bis 3, μ_0 magnetische Feldkonstante und A Schleifenfläche. Für die während der Stirnzeit mittlere induzierte Spannung ergibt sich:

$U = \mu_0 A (H_v/T_1)$.

Hierfür kann H_v/T_1 aus Tabelle 13 entnommen werden.
Geschlossene Metallbleche oder feine Maschen an der Grenzfläche der Blitz-Schutzzonen 0 und 1 bewirken eine bedeutende magnetische Dämpfung. So weist z. B. Bewehrungsstahl nach VG 96 907 Teil 2 [23] (Bild 17) eine typische Dämpfung um 30 dB im kHz- bis MHz-Bereich auf. Wenn die Grenzfläche an den Blitz-Schutzzonen 1 und 2 ebenfalls als Bewehrungsstahl ausgeführt ist, ergibt sich eine Gesamtdämpfung von typisch um 60 dB entsprechend einem Schirmfaktor 1000.
Für die induzierte Schleifenspannung gilt dann:

$U = (1/S) \mu_0 A (H_v/T_1)$.

Hierbei ist S der Schirmfaktor.
- Elektrisches Blitznahfeld: In der sogenannten Enddurchschlagsstrecke in der Umgebung des Einschlagspunkts sind elektrische Feldstärken und Feldänderungen zu erwarten, wie sie in **Tabelle 14** gemäß den Festlegungen in VG 96 901 [20] angegeben sind.

Tabelle 14: Elektrisches Nahfeld

Anforderung nach VG	E MV/m	E/T_1 (MV/m)/µs
hoch und normal	0,5	0,5

E Scheitelwert des elektrischen Felds
T_1 Stirnzeit gemäß DIN VDE 0432 Teil 2

5.2.3 Gefährdungsparameter durch Schalthandlungen in Starkstromanlagen

Elektromagnetische Störungen durch Schalthandlungen in Starkstromanlagen sind in der Regel häufiger als Blitzstörungen.
Bei leitungsgebundenen, breitbandigen Störungen wird in den EMV-Normen je nach Art der Schalthandlung zwischen energiereichen und energiearmen Impulsen bzw. Pulsen unterschieden.

Die Schaltstörungen können über die Starkstromleitungen fremdgeneriert aus den Blitz-Schutzzonen 0 bzw. 0/E kommen oder eigengeneriert in den Blitz-Schutzzonen 1 bis n entstehen. Diese sind entweder analog zu den Blitzstörungen als kombinierte Stoßspannungs- und Stoßstrom-Störungen oder als eingeprägte Stoßspannungen definiert.
Zum Teil werden die breitbandigen, energiereichen, leitungsgebundenen Störungen aus Schalthandlungen den leitungsgebundenen Störungen aus Blitzen in der Blitz-Schutzzone 1 gleichgesetzt [24]. So werden gemäß den Entwürfen von DIN VDE 0839 Teil 10, DIN VDE 0846 Teil 11 und DIN VDE 0847 Teil 2 für verschiedene Umgebungsklassen Störungen entsprechend Tabelle 11 und Tabelle 12 bei entsprechend angepaßten Scheitelwerten definiert [25].
Eine eingeprägte Stoßspannung aus Abschaltvorgängen von Überstromschutzorganen ist in DIN VDE 0160 [26] festgelegt. Die Stoßspannung 0,1/1,3 ms (0,1 ms: Anstiegszeit, etwa 0,67 T_1) mit dem Scheitelwert 1,3 $\hat{U}_N$ wird dem Scheitelwert $\hat{U}_N$ der Wechselspannung überlagert.
Breitbandige, energiearme Schaltspannungsstörungen, sogenannte Bursts, werden in den Entwürfen DIN VDE 0843 Teil 4 und DIN VDE 0846 Teil 11 aufgezeigt [25]. Diese eingeprägten Spannungsimpulse 5/50 ns (5 ns: Anstiegszeit ungefähr 0,67 T_1) mit Scheitelwerten je nach Prüfschärfe werden als Pulspakete über Koppelkapazitäten in Starkstrom- und Fernmeldeleitungen eingespeist.
Neben den leitungsgebundenen Störungen sind weiterhin die transienten elektromagnetischen Felder bedeutsam, die durch die Schalthandlungen selbst (z. B. Lichtbögen beim Ziehen eines Trennschalters) abgestrahlt werden und durch die dann wiederum leitungsgebundene Störungen induziert werden können.

5.2.4 Wirkungen der Gefährdungsparameter

Der Blitzstrom (Tabelle 10) bewirkt Temperaturerhöhungen in stromdurchflossenen Leitern (z. B. Ableitungen), gegebenenfalls bis zum Schmelzen, infolge der spezifischen Energie W/R, Ausschmelzungen an Leitern am Einschlagsort (z. B. Fangleitungen und Tanks) durch die Ladung Q, vor allem die Ladung des Langzeitstroms Q_l [27], sowie thermische und dynamische Beanspruchungen stromdurchflossener Klemmen und Schellen (z. B. Potentialausgleich-Schienen mit blitzstromtragfähigen Klemmen [28] durch W/R und Q [29]). Außerdem resultieren daraus thermische und dynamische Beanspruchungen von stromdurchflossenen Funkenstrecken (z. B. Trennfunkenstrecken) durch den Scheitelwert des Blitzstroms I, W/R und Q. Gegebenenfalls ist zusätzlich der Netzfolgestrom zu beherrschen.
Der Blitzstrom ruft auch thermische und dynamische Beanspruchungen von stromdurchflossenen Halbleiter-Ableitern (z. B. Varistoren) durch I und Q, Längsspannungen an stromdurchflossenen Kabelschirmen und Schirmrohren (z. B. Kupferrohren) infolge der Kopplungsimpedanz durch I und die Ladung des Stoßstroms Q_s (maßgebender Parameter $T_2 = Q_2/I$!) sowie Potentialanhebungen der stromdurchflossenen Erdungsanlagen gegenüber der fernen Erde durch I

hervor. (Die Potentialanhebung wird durch einen lückenlosen Blitzschutz-Potentialausgleich innerhalb der geschützten Anlage unwirksam.)
Das magnetische Blitzfeld (Tabelle 13) bewirkt induzierte Spannungen oder Ströme in offenen bzw. kurzgeschlossenen magnetischen Antennen (Schleifen) durch dH/dt bzw. H/T_1, Ströme in einer vermaschten Funktions-Potentialausgleich-Anlage durch dH/dt bzw. H/T_1 mit der Folge transienter Potentialdifferenzen sowie induzierte Spannungen und Strömen in Starkstrom- und Fernmeldeleitungen innerhalb der Blitz-Schutzzonen 1 bis n durch dH/dt bzw. H/T_1. Außerdem ergeben sich induzierte Spannungen in den Näherungen der Installation in der Blitz-Schutzzone 1 zu den Fanganordnungen und Ableitungen der Blitzschutzanlage [9] bzw. induzierte Ströme bei Beseitigung der gefährlichen Näherungen durch Verbinden infolge dH/dt bzw. H/T_1. Das elektrische Blitzfeld (Tabelle 14) bewirkt den Verschiebungsstrom durch elektrische Antennen (Stäbe) durch dE/dt bzw. E/T_1.
Aus Schalthandlungen resultieren leitungsgebundene Störungen, welche die starkstrom- und fernmeldetechnischen Eingänge der Geräte beanspruchen sowie induzierte Spannungen und Ströme in nachrichtentechnischen Anlagen durch das elektromagnetische Feld.

5.3 Behandlung der Blitz-Schutzzonen-Schnittflächen

Alle metallenen Installationen einschließlich der elektrischen Leitungen sind beim Durchtritt durch Schnittflächen an den Schnittstellen in den Potentialausgleich durch Verbinder oder Ableiter einbezogen. Installationen, die aus BSZ 0 in BSZ 1 eintreten, werden an den Schnittstellen im Rahmen des Blitzschutz-Potentialausgleichs [8, 9] über entsprechend stromtragfähige Elemente angeschlossen. Bei Installationen, die aus BSZ 0/E in BSZ 1 eintreten, werden an den Schnittstellen gefährliche Näherungen zum Äußeren Blitzschutz [8, 9] durch Verbinden beseitigt. Installationen, die aus BSZ 1 in BSZ 2 eintreten, werden an den Schnittstellen im Rahmen des Funktions-Potentialausgleichs [12, 13] angeschlossen. Die Anforderungen an Ableiter sind je nach Zonenübergang unterschiedlich:
- Übergang BSZ 0 in 1: Blitzstromableiter,
- Übergang BSZ 0/E in 1: Überspannungsableiter,
- Übergang BSZ 1 in 2 und höher: Überspannungsableiter.

In **Bild 24** ist dazu ein Beispiel aufgezeigt.

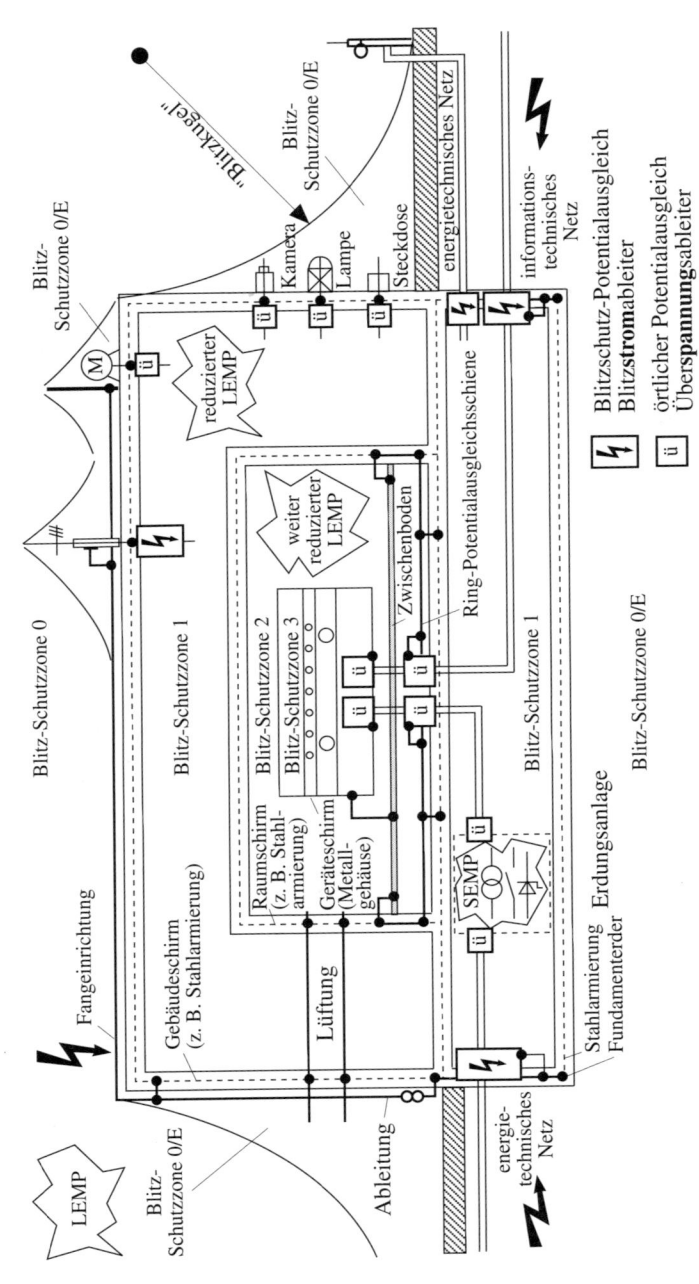

Bild 24 Blitz-Schutzzonen: Schirmung und Potentialausgleich an den Schnittstellen

6 Verbinder und Ableiter zum Einsatz an Blitz-Schutzzonen-Schnittstellen

Die nach dem heutigen Stand der Technik im Rahmen des EMV-Blitz-Schutzzonen-Konzepts zum Einsatz kommenden Bauteile und Geräte werden im folgenden in Funktion und Wirkungsweise beschrieben [30].
Ausgegangen wird von der im Bild 24 dargestellten zu schützenden Anlage, bei der an den Schnittstellen der energietechnischen und informationstechnischen Leitungen mit den Grenzflächen der Blitz-Schutzzonen unterschiedliche Verbinder und Ableiter entsprechend den jeweiligen örtlichen Anforderungen ausgewählt und eingesetzt werden.
Grundsätzlich werden Ableiter unterteilt in solche, die Blitzteilströme zerstörungsfrei führen können, sie heißen Blitz*strom*ableiter (die an der Grenzfläche zwischen BSZ 0 und BSZ 1 eingesetzt werden), und in solche, die leitungsgeführte Blitzstörungen (an den Schnittflächen der BSZ 0/E und 1 sowie 1 und 2) ebenso wie energiereiche Schaltstörungen (in den BSZ 1 bis n) abführen müssen, sie werden Über*spannungs*ableiter genannt.
Entsprechend werden Blitzstromableiter mit Stoßströmen der Wellenform 10/350 µs und Scheitelwerten bis zu 100 kA (**Tabelle 15**, **Bild 25**) geprüft, während für Überspannungsableiter lediglich Stoß-Prüfströme der Wellenform 8/20 µs und Scheitelwerte von einigen kA (Bild 25) verwendet werden.

Tabelle 15: Blitzprüfströme

Schutz-klasse nach IEC	Bedro-hungs-klasse nach VG	Blitz-Stoßstrom			Blitz-Langzeit-strom	
		I kA	Q_s C	W/R MJ/Ω	Q_l As	T s
I (und II)	hoch	200 ± 10 %	100 ± 20 %	10 ± 35 %	200 ± 20 %	0,5 ± 10 %
III (und IV)	normal	100 ± 10 %	50 ± 20 %	2,5 ± 35 %	100 ± 20 %	0,5 ± 10 %

6.1 Potentialausgleichsschiene

Die Potentialausgleichsschiene ist eine metallene Schiene, die zum Zusammenschluß von Schutzleitern, Potentialausgleichsleitern und gegebenenfalls Leitern für die Funktionserdung mit dem Erdungsringleiter und den Erdern dient. Eine solche Potentialausgleichsschiene ist in DIN VDE 0618 Teil 1 [28] genormt. Sie dient für den Hauptpotentialausgleich nach DIN VDE 0100 Teile 410 und 540 [31, 32], DIN VDE 0185 Teile 1 und 2 [8], DIN VDE 0190 [33] und DIN VDE 0855 Teil 1 [34] zum Anschließen oder Verbinden von:

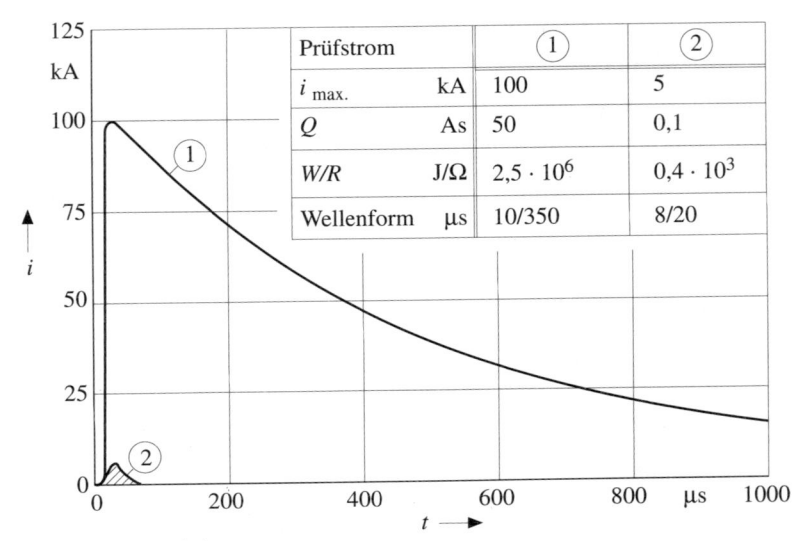

Prüfstrom		①	②
$i_{max.}$	kA	100	5
Q	As	50	0,1
W/R	J/Ω	$2,5 \cdot 10^6$	$0,4 \cdot 10^3$
Wellenform	µs	10/350	8/20

Bild 25 Vergleich:
1) Prüfstrom nach DIN 48 810 (Anhang, Stoßkomponente) für Blitzstromableiter;
2) Prüfstrom nach DIN VDE 0432 Teil 2/10.78 für Überspannungsableiter

- Leitern für den Hauptpotentialausgleich,
- PEN-Leitern,
- PE-Leitern,
- Erdungsleitern,
- anderen Ausgleichsleitern,
- Erdungsleitern für Funktionserdung,
- Leitern zum Blitzschutzerder,
- Anschlußfahnen des Fundamenterders.

Eine Potentialausgleichsschiene nach DIN 618 besitzt Klemmstellen, die für Leiter ab 10 mm² blitzstromtragfähig sind (**Bild 26**). Für kleinere zu schützende Einrichtungen ist eine solche Potentialausgleichsschiene ausreichend, für größere wird in der Regel eine Ring-Potentialausgleichsschiene installiert.

6.2 Trennfunkenstrecken

Metallanlagen, die z. B. aus Korrosionsschutzgründen im Betrieb nicht dauernd miteinander verbunden sein dürfen, werden an der Schnittstelle zwischen den BSZ 0 und 1 in den Blitzschutz-Potentialausgleich über Trennfunkenstrecken (**Bild 27**) einbezogen. Im Blitzschlagsfall sprechen solche Trennfunkenstrecken an und verbinden die Anlagen miteinander, so daß über sie der Blitzstrom abfließen kann. Nach Abklingen des Blitzstroms löschen die Funkenstrecken wieder, und der vorherige, getrennte Zustand ist wiederhergestellt.

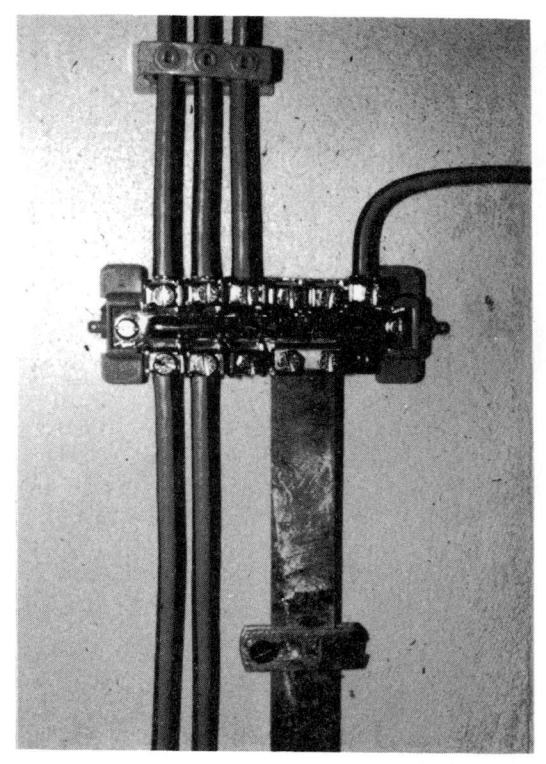

Bild 26 Potentialausgleichsschiene (nach DIN VDE 0618) mit Aufsteckklemmen für Leiterquerschnitte 25 mm² bis 95 mm²

Trennfunkenstrecken dürfen bei derartigen Beanspruchungen nicht verschweißen: Sie müssen also blitzstromtragfähig sein und werden nach DIN 48 810 [29] geprüft.

6.3 Ableiter für energietechnische Anlagen

Entsprechend den Überspannungskategorien in DIN VDE 0110 [35] gibt es Ableiter, die an den Grenzen der Kategorien eingesetzt werden können, damit die dort vorgesehenen Überspannungspegel nicht überschritten werden (**Bild 28**).
Sie werden entsprechend DIN VDE 0675 Teil 6/Entwurf 11.89 [36], wie in **Tabelle 16** dargestellt, in Anforderungsklassen eingeteilt.

Bild 27 Trennfunkenstrecke

6.3.1 Blitzstromableiter

Blitzstromableiter werden an der Übergangsstelle zwischen der BSZ 0 und der BSZ 1 eingesetzt. Nach [36] sind dies Ableiter der Anforderungsklasse B.
In **Bild 29** ist ein vierpoliger Blitzstromableiter gezeigt, der pro Pol aus der Parallelschaltung einer blitzstromtragfähigen Gleitfunkenstrecke und eines thermisch überwachten Metalloxid-Varistors besteht (**Bild 30**) [37]. Bei kleinen Überspannungen sind nur die Varistoren wirksam; bei direkten Blitzeinschlägen übernehmen dann die Gleitfunkenstrecken die Stromableitung. Diese Gleitfunkenstrecken sind mit einem besonderen Zwischenlagenmaterial ausgerüstet, so daß sie Netzfolgeströme sicher löschen können.
Dieser Blitzstromableiter ist für 100 kA (10/350 µs) ausgelegt und begrenzt dabei auf Werte unter 5 kV, die für die nachgeordnete Niederspannungsanlage (Überspannungskategorie III) ungefährlich sind.
Ebenfalls für das Einbeziehen von energietechnischen Leitungen in den Blitzschutz-Potentialausgleich an der Schnittstelle zwischen BSZ 0 und 1 ist die Löschfunkenstrecke (**Bild 31**) geeignet. Auch sie ist in der Lage, Netzfolgeströme selbsttätig zu löschen. Dieser Blitzstromableiter hat sich seit Jahren im praktischen Einsatz bewährt und ist in den Normen DIN VDE 0804/05.85 und DIN VDE 0845 Teil 1/10.87 [38, 13] enthalten.

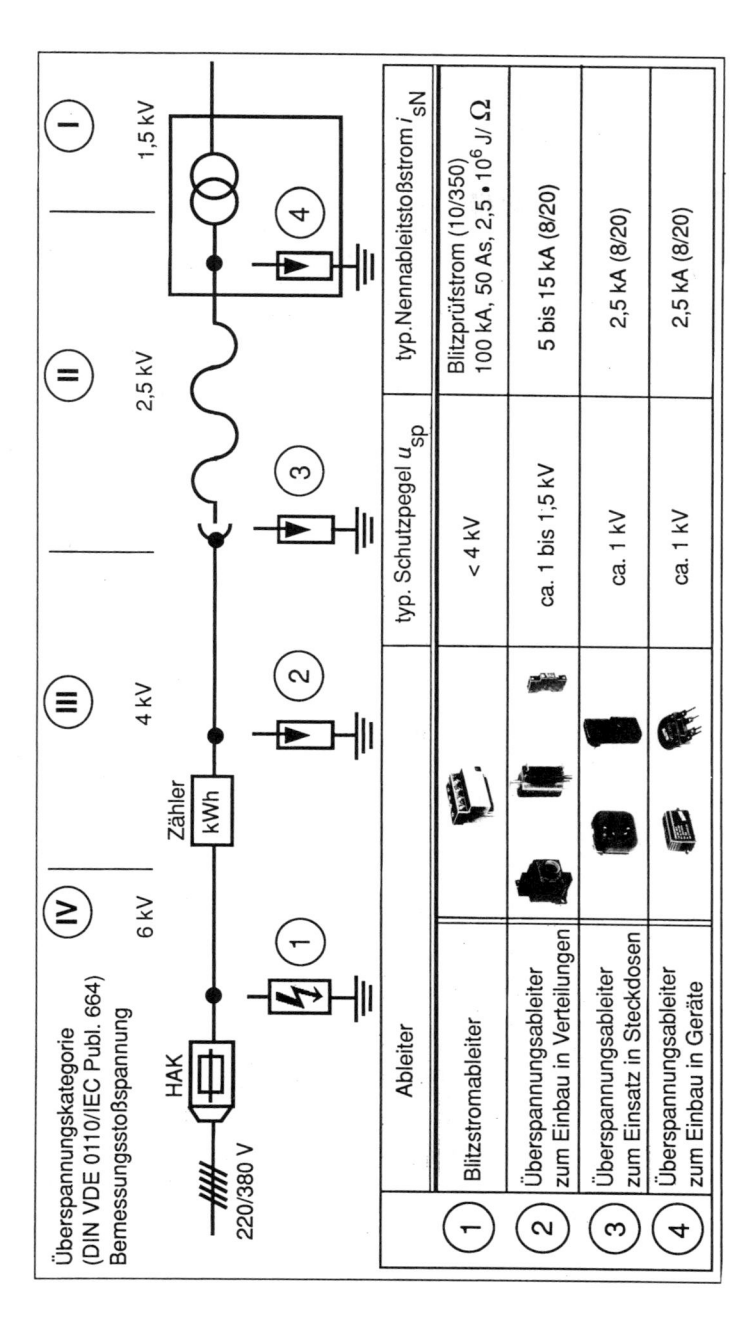

Bild 28 Einsatzmöglichkeiten von Blitzstrom- und Überspannungsableitern in den IEC/VDE-Überspannungskategorien

	Ableiter	typ. Schutzpegel u_{sp}	typ. Nennableitstoßstrom i_{sN}
1	Blitzstromableiter	< 4 kV	Blitzprüfstrom (10/350) 100 kA, 50 As, $2{,}5 \cdot 10^6$ J/Ω
2	Überspannungsableiter zum Einbau in Verteilungen	ca. 1 bis 1,5 kV	5 bis 15 kA (8/20)
3	Überspannungsableiter zum Einsatz in Steckdosen	ca. 1 kV	2,5 kA (8/20)
4	Überspannungsableiter zum Einbau in Geräte	ca. 1 kV	2,5 kA (8/20)

Tabelle 16: Einteilung von Überspannungsableitern für Wechselstromnetze zwischen 100 V und 1000 V [36]

Ableiter der Anforderungsklasse	Anforderungen an Ableiter entsprechend		
	Einsatzort	Schutzpegel	Belastbarkeit
A Ableiter zum Einsatz im Freien, an NS-Freileitungen	– kein Schutz gegen direktes Berühren erforderlich – können bei direkten Blitzeinschlägen überlastet bzw. zerstört werden – Isolationsfestigkeit auch bei Witterungseinflüssen	entsprechend IEC-Publ. 99.1 (Tab. 1, in Beratung)	entsprechend IEC-Publ. 99.1 bzw. DIN VDE 0675 Teil 1 ($i_{sn} = 5$ kA (8/20))
B Ableiter zum Zwecke des Blitzschutzpotentialausgleichs (für Überspannungskategorie IV nach DIN VDE 0110 Teil 1)	– Schutz gegen direktes Berühren erforderlich – kein Defekt bzw. Brandgefahr bei Beanspruchung entsprechend geforderter Belastbarkeit	entsprechend Überspannungskategorie IV nach DIN VDE 0110 Teil 1	entsprechend IEC TC 81 bzw. DIN 48 810, Anhang (DIN VDE 0185) (Blitzprüfstrom)
C Ableiter zum Überspannungsschutz (für Überspannungskategorie III nach DIN VDE 0110 Teil 1)		entsprechend IEC-Publ. 99.1 (Tab. 1, in Beratung)	entsprechend IEC-Publ. 99.1 bzw. DIN VDE 0675 Teil 1 ($i_{sn} = 5$ kA (8/20))
D Ableiter zum ortsveränderlichen Einsatz an Steckdosen (für Überspannungskategorie II nach DIN VDE 0110 Teil 1)		entsprechend Überspannungskategorie II nach DIN VDE 0110 Teil 1	reduzierter Wert entsprechend Einsatzort ($i_{sn} = 1,5$ kA (8/20))

Bild 29 Vierpoliger Blitzstromableiter

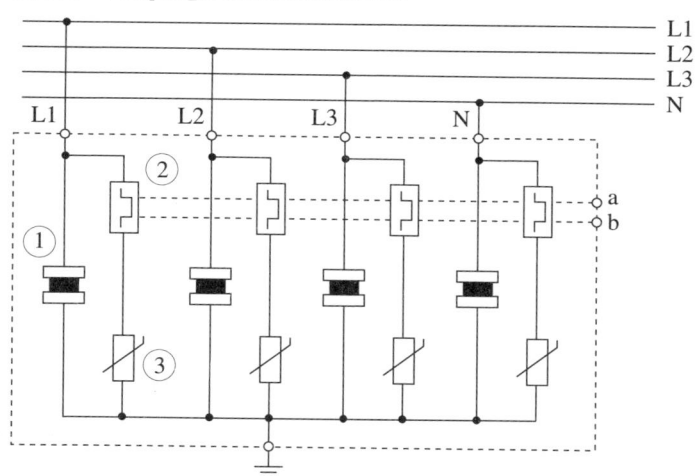

Bild 30 Schaltung des im Bild 29 gezeigten Blitzstromableiters
① Gleitfunkenstrecke
② Überwachungs-/Abtrennvorrichtung
③ ZNO-Varistor
L1 ... L3/PEN: Anschlüsse an Verbraucheranlage
⏚ Anschluß an Erdung/PAS
a, b Fernmeldekontakte

105

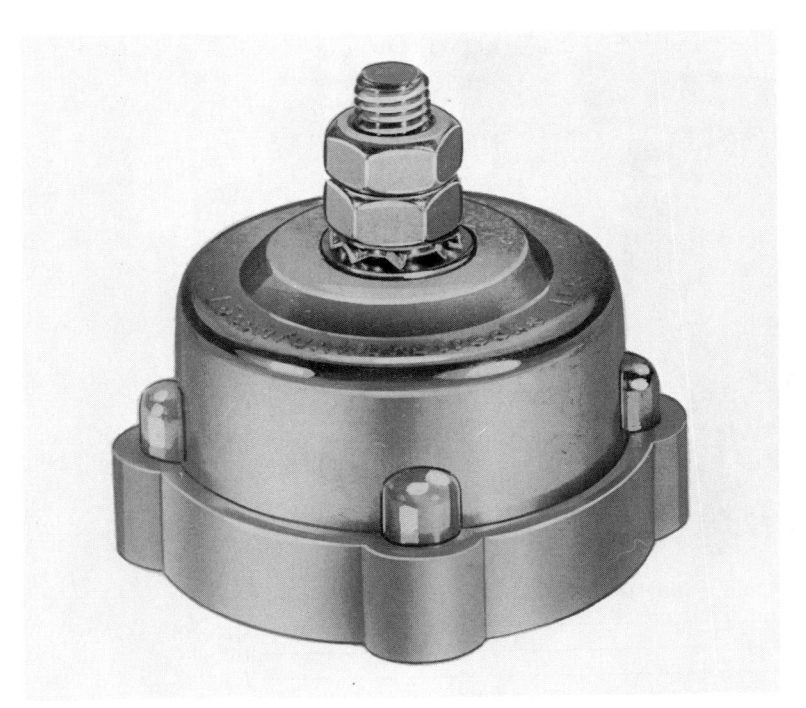

Bild 31 Löschfunkenstrecke

6.3.2 Überspannungsableiter

Überspannungsableiter werden an den Schnittstellen zwischen den BSZ 1 und 2 und solchen höherer Nummer installiert.

6.3.2.1 Ableiter zum Einsatz in Gebäudeinstallationen
Nach [36] sind dies Ableiter der Anforderungsklasse C (zum Einsatz in der Überspannungskategorie III).
Ventilableiter werden üblicherweise nach dem Zähler eingebaut, also in demjenigen Teil der Anlage, der dem Verbraucher gehört.
Grundsätzlich werden die Außenleiter (L1, L2, L3) mit Überspannungsableitern versehen. In Netzen, in denen der N-Leiter separat (vom PE-Leiter) geführt wird (TT- und TN-S-Netze), erhält auch dieser einen Ableiter.
Klassische Ventilableiter werden nach DIN VDE 0675/IEC 99.1 [39, 40] gebaut und bestehen aus einer Reihenschaltung von Funkenstrecke und spannungsabhängigem Widerstand; ihr Nennableitstoßstrom ist 5 kA (8/20); die dabei am Verbraucher anstehende Spannung liegt bei etwa 1,5 kV.

Gekennzeichnet sind Ventilableiter durch ihre Löschspannung U_1 (Ableiterdauerspannung nach [36]): Das ist diejenige Spannung, bei der solch ein Ableiter nach dem Ableiten des 5-kA-Stoßstroms (8/20) gerade noch den aus dem Starkstromnetz nachfließenden Folgestrom selbständig löschen kann.
Klassische Ventilableiter (**Bild 32** und **Bild 33**) besitzen als spannungsabhängigen Widerstand einen Silizium-Karbid-Varistor. Sie werden mit Schraubklemmen angeschlossen. Neuere Bauformen (**Bild 34**) enthalten einen Zinkoxid-Varistor, bei dem nahezu kein Netzfolgestrom auftritt. Besondere Bauformen können in NH-Sicherungsunterteile der Größe 00 (die an L und PE angeschlossen sind) (**Bild 35**) mit Hilfe von Sicherungsaufsteckgriffen gesteckt werden.
Überspannungsableiter mit Metalloxid-Varistor in Modulbauweise zeigen **Bild 36** und **Bild 37**.
Alle drei Überspannungsableiter-Typen sind für Beanspruchungen bemessen, wie sie in der BSZ 1 (und höher) auftreten. Werden sie überlastet, so spricht die integrierte Abtrennvorrichtung an, die den zerstörten Ableiter automatisch vom Netz trennt. Die Spannungsversorgung der nachgeordneten Verbraucher wird durch einen abgetrennten Ableiter nicht gestört (solche abgetrennten Ableiter sollen jedoch ausgewechselt werden, da sie keinen Überspannungsschutz mehr bieten können).

Bild 32 Ventilableiter

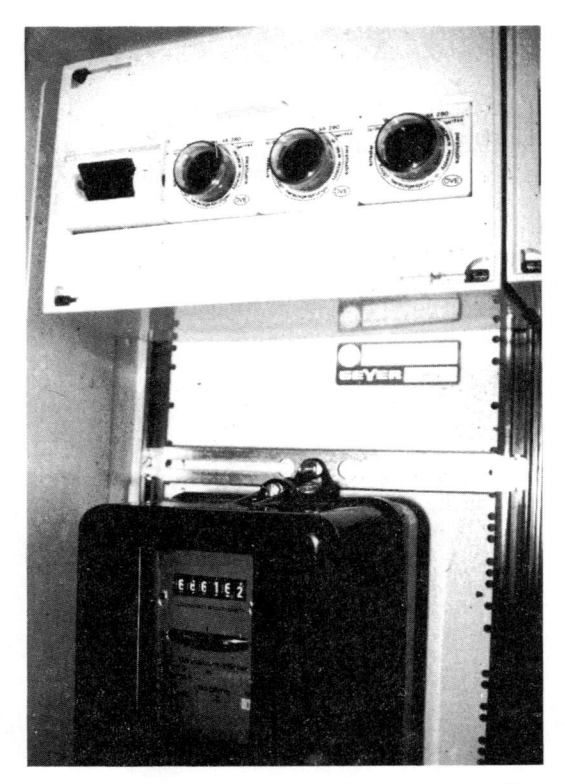

Bild 33 Ventilableiter (Bild 32), eingebaut in Verteilung

Überspannungsableiter dürfen, wenn sie z. B. in einem druckfest gekapselten Gehäuse eingebaut sind (**Bild 38**), auch in explosionsgefährdeten Bereichen eingesetzt werden. Solche »Überspannungsschutzkästen« werden dann in Gehäuse der Zündschutzart »Erhöhte Sicherheit« eingebaut. Das Ausfallen derart gekapselter Überspannungsableiter kann über Mikroschalter ferngemeldet werden.
An dieser Stelle seien noch einige Anmerkungen zum Überspannungsschutz in Anlagen mit Fehlerstrom-Schutzschaltern gemacht.
Damit FI-Schutzschalter bei Blitzen nicht unerwünscht auslösen und dadurch umfangreiche Folgeschäden verursachen, sind FI-Schutzschalter mit verzögerter Auslösung entwickelt worden, die gegenüber FI-Schutzschaltern üblicher Bauart stoßstromfest sind.

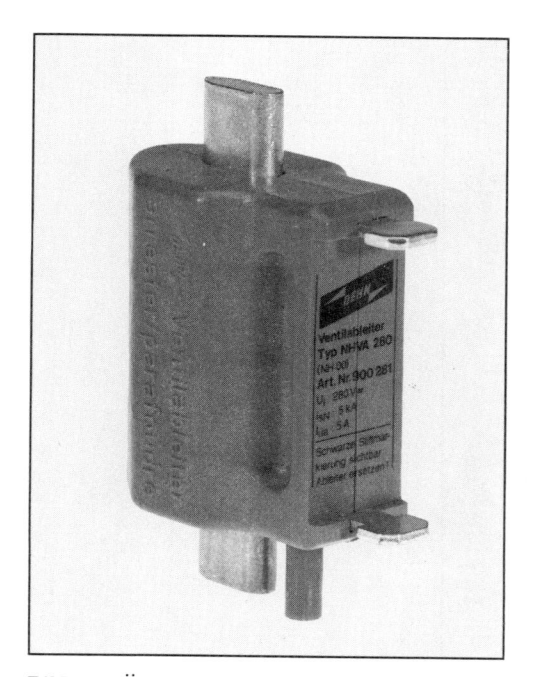

Bild 34 Überspannungsableiter in NH-Bauform

Bild 35 Überspannungsableiter (Bild 34), eingebaut in Verteilung

Bild 36 Überspannungsableiter in Modulbauweise

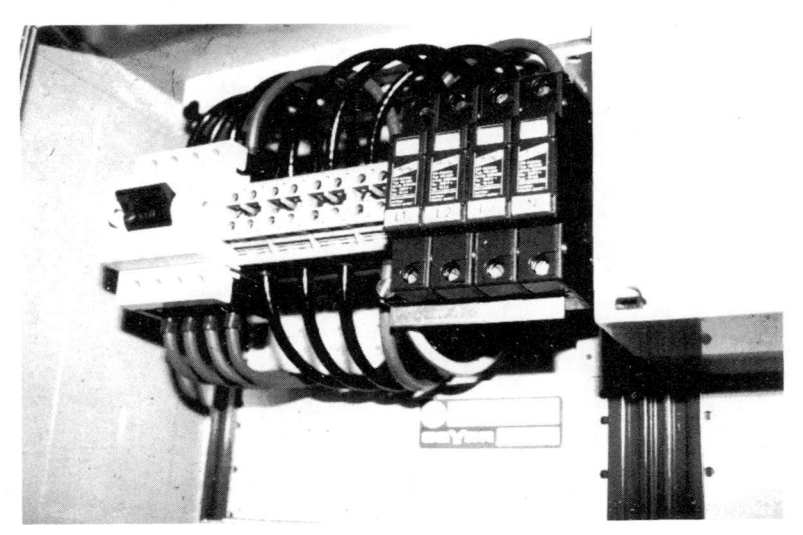

Bild 37 Modularer Überspannungsableiter (Bild 36) in einer Verteilung

Bild 38 Im Bild 34 gezeigter Überspannungsableiter im druckfest gekapselten Gehäuse

Solche stoßstromunempfindlichen FI-Schutzschalter werden nach DIN VDE 0664 Teil 1/10.85 [41] mit $\boxed{S}$ gekennzeichnet: Dies sind abschaltverzögerte FI-Schutzschalter, die in Reihe mit FI-Schutzschaltern üblicher Bauart selektiv arbeiten. Ihr Einbau ist vor der Unterverteilung als Haupt-Fehlerstrom-Schutzschalter vorgesehen. Damit wird für die nachgeschaltete Anlage der »Schutz bei indirektem Berühren«, also der indirekte Personenschutz, und der zentrale Brandschutz erreicht.

Ein abschaltverzögerter, selektiver FI-Schutzschalter (nach DIN VDE 0664 Teil 1) löst bei Stoßströmen 8/20 bis zu 3000 A nicht aus, so daß er Beanspruchungen, wie sie in den BSZ 1 und höher auftreten, weitgehend fehlauslösungsfrei standhält.

Solche selektiven FI-Schutzschalter erlauben den nachgeordneten Einbau von Überspannungsableitern.

6.3.2.2 Ableiter zum Einsatz in Steckdosen

Am Übergang von der festen Gebäudeinstallation zu mobilen elektrischen Geräten (Überspannungskategorien III/II) kann eine Steckdose mit integriertem Überspannungsschutz (**Bild 39**) installiert werden.

Das **Bild 40** zeigt ein in übliche Schutzkontakt-Steckdosen steckbares Überspannungsschutzgerät (Ableiter der Anforderungsklasse D [36]).

Bild 39 Schutzkontakt-Steckdose mit Überspannungsschutz

Bild 40 Steckbares Überspannungsschutzgerät

6.3.2.3 Ableiter zum Einsatz in Geräten

Überspannungsableiter in Miniformat (**Bild 41**) werden am Übergang der Überspannungskategorien II auf I am Netzeingang in Geräten eingesetzt.

a)

b)

Bild 41 Beispiele für Mini-Überspannungsableiter

6.4 Schutzgeräte für informationstechnische Anlagen

Wie im Kapitel 5 gezeigt, müssen an der Schnittstelle zwischen BSZ 0 und BSZ 1 auch alle von der Feldseite kommenden informationstechnischen Leitungen in den Blitzschutz-Potentialausgleich einbezogen werden. Hierfür werden ebenfalls Ableiter benötigt, die (gemeinsam) in der Lage sind, Blitzteilströme zerstörungsfrei abzuleiten; die dabei an ihnen auftretenden Spannungen liegen in der Größenordnung bis zu einigen kV. Diese Spannungen sind für Dateneingänge informationstechnischer Geräte in der Regel zu hoch. Deswegen wird oft ein sogenannter »Staffelschutz« [13] installiert, bei dem den blitzstromtragfähigen Ableitern Entkopplungsglieder und (an die Empfindlichkeit der zu schützenden Geräte angepaßte) Feinschutzteile nachgeordnet werden (**Bild 42**). Dieser Staffelschutz kann entweder stufenweise an den Schnittstellen aufeinanderfolgender BSZ oder aber in einem einzigen (stufig aufgebauten) Schutzgerät verwirklicht werden.

Im Gegensatz zu den Ableitern für energietechnische Anlagen ist bei Schutzgeräten für informationstechnische Anlagen besonders auf ihre Systemverträglichkeit (Anschlußtechnik, Dämpfung) zu achten.

6.4.1 Ableiter für Blitzschutz-Potentialausgleich

In diesem Abschnitt werden beispielhaft einige Blitzstromableiter vorgestellt, die im Rahmen des Blitzschutz-Potentialausgleichs zum Schutz informationstechnischer Anlagen am Leitungseintritt in Gebäude (Schnittstelle zwischen BSZ 0 und BSZ 1) installiert werden. Dabei wird jede Ader einer informationstechnischen Leitung mit einem solchen ausreichend stoßstromfähigen Schutzgerät beschaltet.

Grobschutzteil
z. B. Entladungsstrecke
Varistor

Bemessung:
nach Blitzschutz-
Potentialausgleich
(Schnittstelle zwischen
Blitz-Schutzzone 0 und 1)

Entkopplungsglied (E)
z. B. Widerstand
Induktivität
Kapazität
Filter

Feinschutz
z. B. Diode
Zenerdiode
Varistor

Bemessung:
nach Empfindlichkeit
des zu schützenden Geräts

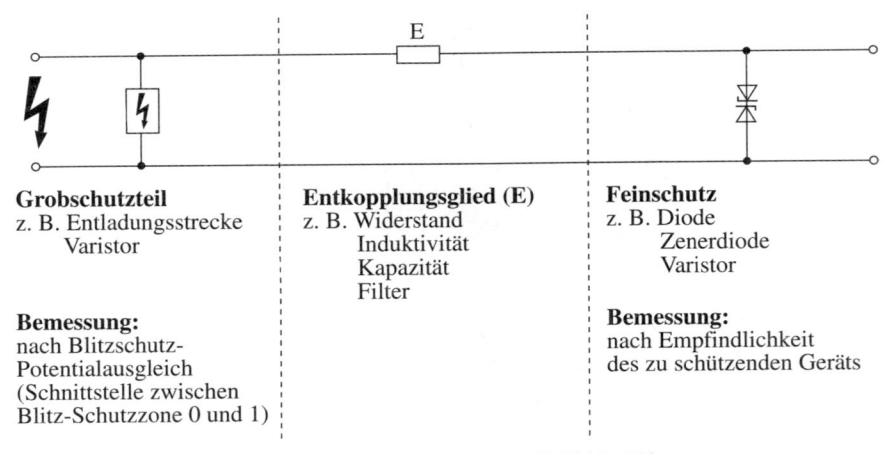

Bild 42   Staffelschutz (Stufenschutz nach DIN VDE 0845) [13]

Als Bauelement für derartige Blitzstromableiter kommen Gasentladungsableiter, Gleitentladungsableiter und Varistoren in Betracht.

32 Gleitentladungsableiter enthält der im **Bild 43** dargestellte Blitzstromableiter, der in Einzelgehäusen eingesetzt oder (auf Europakarten) in 19-Zoll-Gehäuse eingeschoben werden kann. Solche Blitzstromableiter auf Gleitableiterbasis sind besonders blitzstromtragfähig – so hält z. B. das im Bild 43 gezeigte Schutzgerät einer Gesamtbelastung von 50 kA, 40 As und $5 \cdot 10^5$ J/Ω zerstörungsfrei stand.

Für den Anschluß von Koaxial-Leitungen gibt es, angepaßt an ihren Wellenwiderstand, Ableiter (**Bild 44**) mit UHF-, N- und BNC-Anschlüssen.

Bild 43 Blitzstromableiter mit 32 Gleitentladungsableitern

Bild 44 Ableiter für Koaxial-Leitungen

Bild 45 Schutzgerät für Datensysteme

Ein Schutzgerät, das speziell für Datensysteme konzipiert ist, zeigt das **Bild 45**. Es kann auch, wie im Abschnitt 6.4.2.4 beschrieben, in Kombination mit Geräteschutz-Zwischensteckern eingesetzt werden.

6.4.2 Überspannungsbegrenzer für Geräteschutz

Nach DIN VDE 0845 Teil 1 [13] versteht man unter dem Oberbegriff »Überspannungsbegrenzer« nicht nur Bauelemente, sondern auch Schutzschaltungen, die Überspannungen in Anlagen bzw. Geräten auf zulässige Werte begrenzen. Für den Geräteschutz (in den BSZ 1 und höhere) kommen Feinschutzgeräte zum Einsatz, deren Übertragungsverhalten und Schutzpegel an die zu schützenden Einrichtungen angepaßt sind. Beispielhaft werden nachfolgend einige bewährte Feinschutzgeräte in Aufbau, Wirkungsweise und mit ihren Einsatzgebieten vorgestellt.

6.4.2.1 Blitzductor®

Blitzductor®-Schutzgeräte [42] sind als Vierpol aufgebaut (**Bild 46**) und begrenzen sowohl Längs- als auch Querspannungen. Man setzt sie bevorzugt am Ein- und Ausgang von elektronischen Geräten, an den Enden von Meß-, Steuer- und Regelleitungen oder Computerleitungen ein.
Blitzductor®en werden nach der Anlagenbetriebsspannung und der Beschaffenheit der zu schützenden elektronischen Geräte ausgewählt (Ausführungen, die in explosionsgefährdeten Anlagen eingesetzt werden dürfen, sind ebenfalls erhältlich).

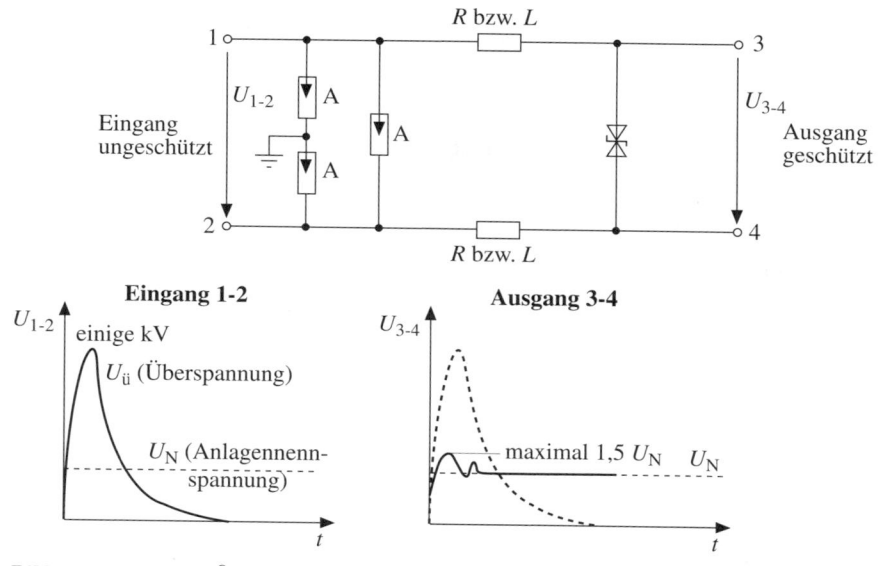

Bild 46 Blitzductor®, Schaltung und Wirkungsweise

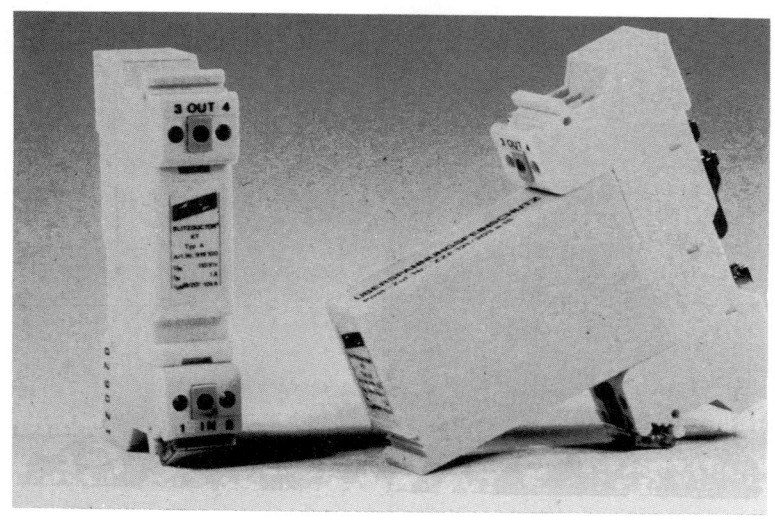

Bild 47 Blitzductor®

Es gibt Blitzductor®en für den Anschluß von Doppeladern und solche für den Anschluß von Einzeladern. Sie werden für Anlagennennspannungen von 5 V bis 220 V hergestellt.

Die Blitzductor®en werden auf geerdeten Tragschienen montiert. Die Befestigungsschraube stellt gleichzeitig die Verbindung zwischen dem Erdungspunkt der Schaltung und der geerdeten Schiene her.

Der im **Bild 47** dargestellte Blitzductor® kann direkt im Zuge von Reihenklemmen bzw. anstelle dieser Klemmen auf Tragschienen befestigt werden, wobei seine besondere Bauart eine raumsparende Anordnung ermöglicht. Die Besonderheit dieses Geräts liegt in seinem zweiteiligen Aufbau. Das Unterteil (Basiselement mit integrierter Grobschutz-Stufe) kann wahlweise alleine oder mit eingestecktem Oberteil (das die auf die zu schützende Anlage abgestimmte, scharf und schnell begrenzende Feinschutz-Stufe enthält) verwendet werden **(Bild 48)**.

Ein weiterer Vorteil dieser Konstruktion ist, daß beim Abnehmen des Oberteils (z. B. für Meß- und Prüfzwecke) die Verbindung der Klemmen Ein-/Ausgang im Unterteil bestehenbleibt, so daß keine Unterbrechung des Signalflusses entsteht.

Bild 48 In das Blitzductor®-Unterteil (mit Grobschutz-Stufe) wird das Oberteil (mit Feinschutz-Stufe) eingesetzt

6.4.2.2 BEE-Schutzkarten

Spezielle Geräte sind entwickelt worden, die sowohl gegen Blitz, gegen elektromagnetische Interferenz als auch gegen elektromagnetischen Puls schützen. Sie werden »BEE-Schutzgeräte« genannt: »B« für »Blitz«, »E« für »Elektromagnetische Interferenz« und das zweite »E« für »Elektromagnetischen Puls«.
Für Fernmelde-, Daten- und MSR-Leitungen sind 32- und 16polige BEE-Schutzkarten im Europaformat erhältlich [43] (**Bild 49**). An solche Karten können bis zu 16 (bzw. 32) Einzeladern angeschlossen werden.

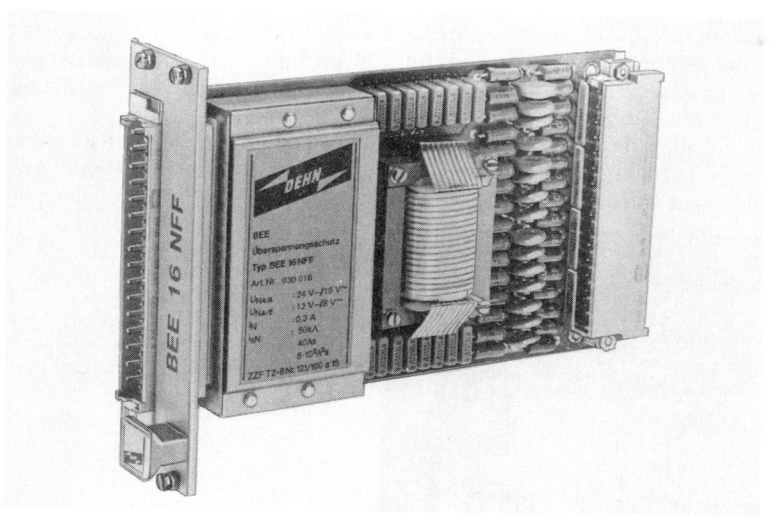

Bild 49 16polige BEE-Schutzkarte in Einschubtechnik

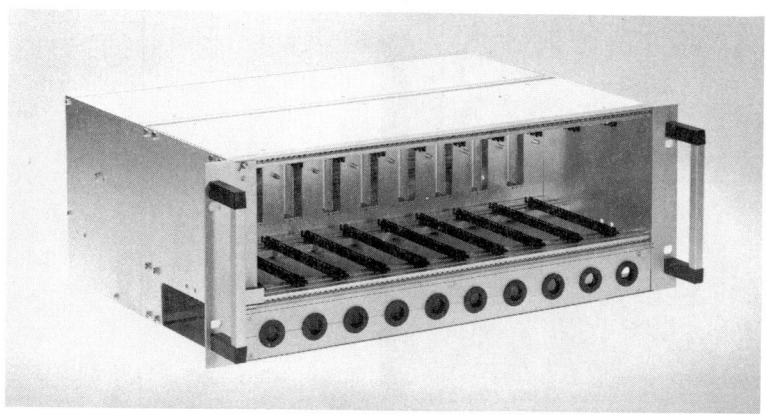

Bild 50 19-Zoll-Einschubgehäuse für BEE-Schutzkarten

BEE-Schutzkarten können in Einzelgehäuse oder in 19-Zoll-Einschubgehäuse (**Bild 50**) eingesetzt werden. In jedem 19-Zoll-Einschubgehäuse können bis zu 160 (bzw. 320) Einzeladern angeschlossen werden.

6.4.2.3 Schutzstecker für LSA-Plus-System

Die Buchstaben LSA stehen für die Worte Lötfrei, Schraubfrei und Abisolierfrei.

Es handelt sich dabei um eine Schnellanschlußtechnik, bei der weder abisoliert, gelötet noch geschraubt werden muß: Die Drähte werden mit einem Spezialwerkzeug einfach in Kontaktschlitze der LSA-Leisten eingedrückt. Dabei wird automatisch die Drahtisolierung durchschnitten und der Leiter zwischen zwei Kontaktfedern geschoben. Mit demselben Arbeitsgang schneidet das Werkzeug auch die Restdrahtlänge ab.

Bild 51 zeigt Komponenten des Systems LSA-Plus, aus denen z. B. Kleinstverteiler, aber auch Kabelverzweiger oder Hauptverteiler mit mehreren 10 000 Anschlüssen aufgebaut werden können.

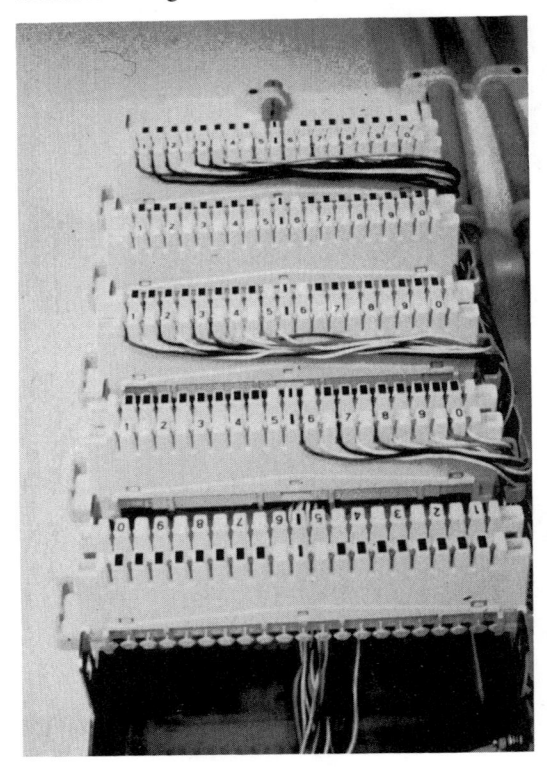

Bild 51 LSA-Plus-System

Bild 52 Überspannungsschutzgeräte für LSA-Plus-System

Bild 52 zeigt Schutzgeräte, die speziell für das LSA-Plus-System entwickelt worden sind.

6.4.2.4 Schutzgeräte, angepaßt an Computerschnittstelle
Für die richtige Auswahl von Überspannungsschutzgeräten für Datenverarbeitungsanlagen müssen eindeutige Beschreibungen der Computer-Schnittstellen mit ihren mechanischen und elektrischen Merkmalen vorliegen:
- Mechanische Merkmale geben an, welche Anschlußart in der jeweiligen informationstechnischen Anlage verwendet wird. Neben den Varianten der D-Subminiaturverbinder (9-, 15-, 25polig) sind z. B. die Anschlußdosen ADo8, die BNC-Anschlüsse für koaxiale Systeme sowie herstellerspezifische Varianten, wie z. B. IBM-Twinax, gebräuchlich.
- Die elektrischen Merkmale der Computer-Schnittstellen beschreiben Schaltungsaufbau, Betriebsart (Spannungs- bzw. Stromschnittstellen; asymmetrischer bzw. symmetrischer Betrieb: z. B. V.24/RS 232C, V.10/RS432 bzw. V.11/RS422), Signalpegel und Signalübertragungsgeschwindigkeit.

Überspannungs-Feinschutzgeräte für Datenverarbeitungsanlagen sind so aufgebaut, daß sie auch nachträglich auf einfache Weise installiert werden können und im Hinblick auf Signalverträglichkeit und Schutzwirkung den Anforderungen der verschiedenartigen Datenverarbeitungsanlagen gerecht werden.
Wie im **Bild 53** gezeigt, wird dem Blitzstromableiter (Schnittstelle zwischen BSZ 0 und BSZ 1) an der Schnittstelle zwischen BSZ 1 und BSZ 2 ein mechanisch und elektrisch an die Computer-Schnittstelle angepaßter Feinschutz (**Bild 54**) nachgeschaltet.

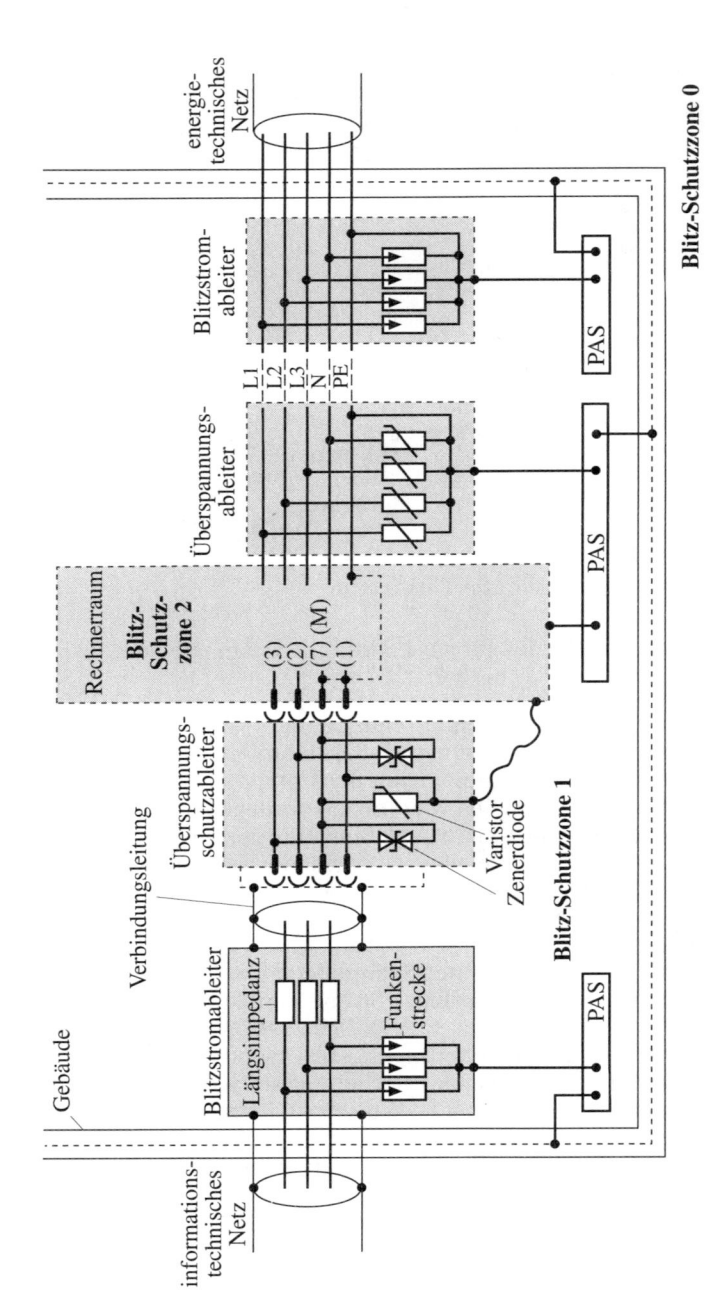

Bild 53 Schutz einer Datenverarbeitungsanlage mit asymmetrischer Schnittstelle (V.24/RS232C) mit Blitzstromableitern und Überspannungsableitern

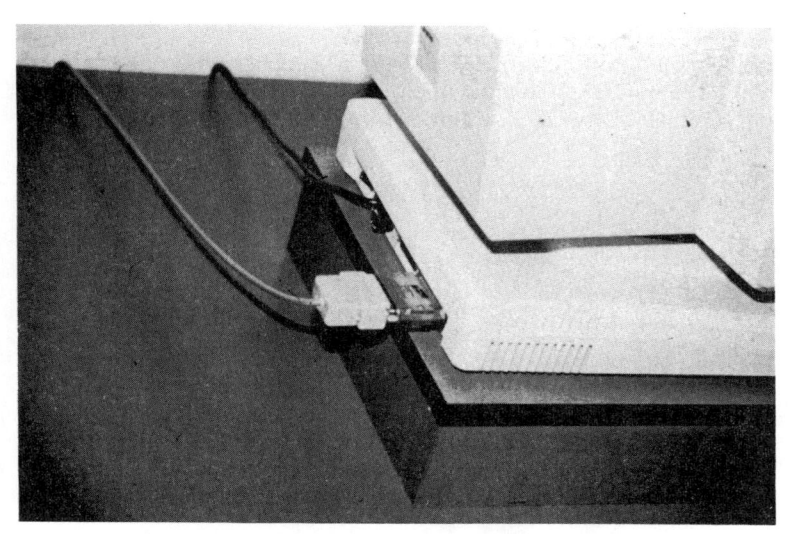

Bild 54 Feinschutzgerät Typ FS für Datenverarbeitungsanlagen, am Datengerät einsetzbar

Schutzgeräte für Computeranlagen gibt es auch in Steckdosenform (**Bild 55**), die nicht nur in Unterputzdosen, sondern auch in Kabelkanälen und in 19-Zoll-Gestellrahmen eingesetzt werden können. Da die Frontseite dieser Schutzgeräte den geschützten Ausgang enthält, können mit ihnen Schutzschränke aufgebaut werden, die gleichzeitig als Rangierverteiler dienen.

Bild 55 Datenschutzmodule und 19-Zoll-Einbauplatte

6.4.2.5 Schutzmodule für den Einbau in Geräte

Auch für den Überspannungsschutz des informationstechnischen Eingangs von elektronischen Geräten gibt es Module, die direkt auf Platinen in den zu schützenden Geräten eingesetzt werden können (**Bild 56** und **Bild 57**).

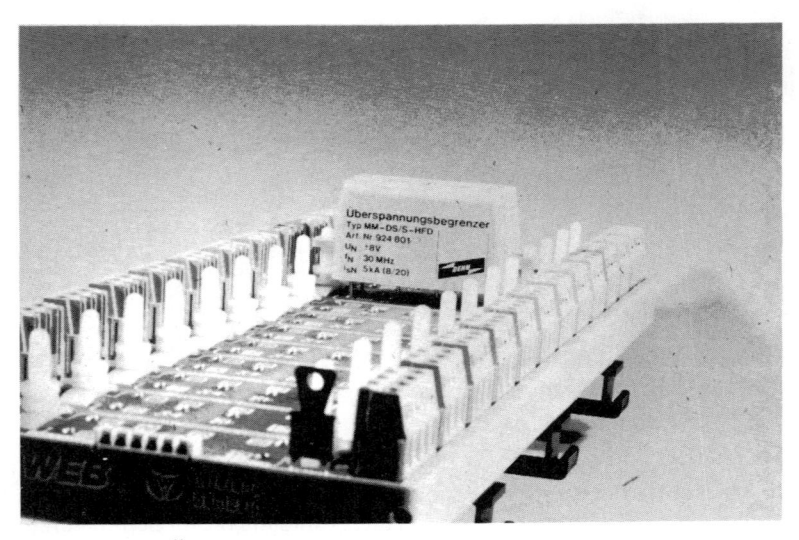

Bild 56 Mini-Überspannungsableiter

Bild 57 Hybridmodul

6.5 Schutzgeräte für Einrichtungen an verschiedenen Netzen

Einrichtungen, die an verschiedene Netze angeschlossen sind, können (auch bei konsequent ausgeführtem Blitzschutz-Potentialausgleich) in der BSZ 1 (bei entsprechend ungünstiger, schleifenförmiger Leitungsführung und unzureichender Raumschirmung) durch induzierte Überspannungen gefährdet sein (**Bild 58**).

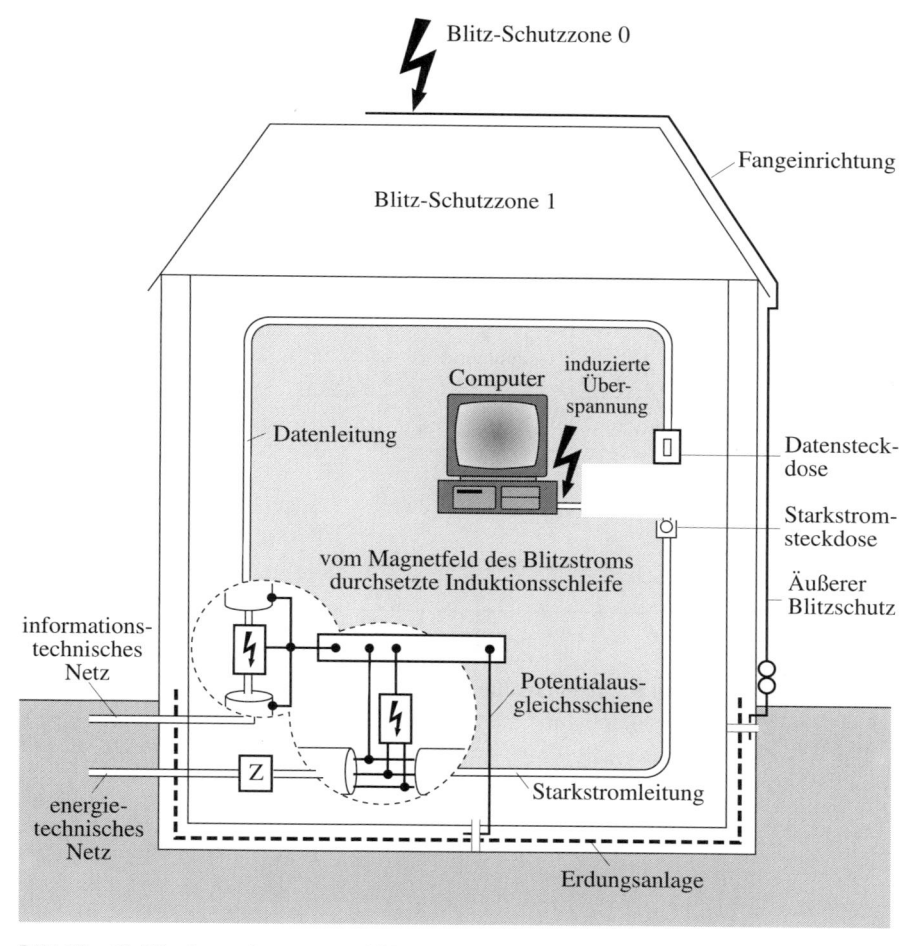

Bild 58 Gefährdung eines an zwei Netze angeschlossenen elektronischen Geräts durch induzierte Blitzüberspannungen

Das Prinzip des Schutzes für dieses Gerät besteht nun darin, daß (im Überspannungsfall) unmittelbar an seinen Eingängen der Potentialausgleich zwischen den Netzen hergestellt wird (**Bild 59**).

Die Schutzelemente S_1 und S_2 haben die Aufgabe, die Querspannungen zwischen den Netzleitern zu begrenzen (Differential Mode Protection) und die Parallelströme von den Leitern zur (gemeinsamen) Schutz-»Erde« zu leiten (Common Mode Protection).

Wie im Bild 59 zu erkennen ist, liegt das zu schützende Gerät im Nebenschluß zur Schutzschaltung. Diese stellt sicher, daß Spannungen zwischen den Netzen 1 und 2 so begrenzt werden, daß die Durchschlagsspannung des Geräts zwischen den Eingängen E_1 und E_2 nicht überschritten wird. Weiterhin ist sichergestellt, daß die Common-Mode-Ströme von Netz 1 in das Netz 2 geleitet werden können und umgekehrt. Darüber hinaus können auch keine gefährlichen Überspannungen zwischen den Leitern eines Netzes entstehen.

Mit den in Bild 39 und Bild 55 gezeigten Schutzgeräten in Steckdosenform kann ein solcher »Schutz-Bypaß«, wie im **Bild 60** dargestellt, verwirklicht werden.

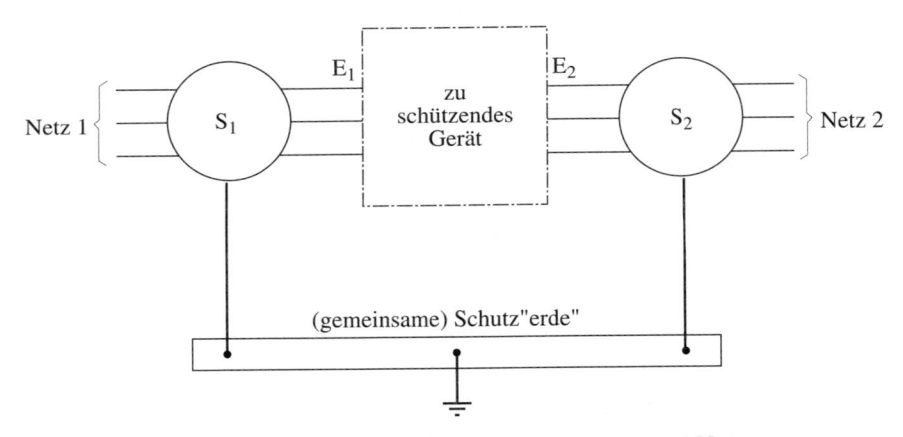

Bild 59 Topologie eines Schutzgeräts für Einrichtungen an zwei Netzen
S Schutzgerät
E Eingang

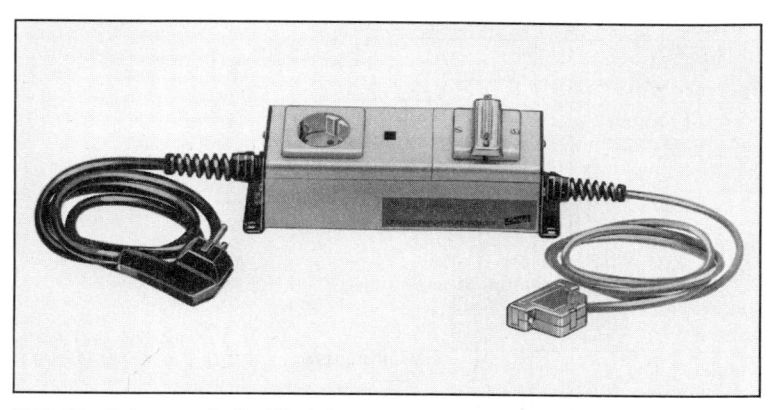

Bild 60 Schutzgerät für Einrichtungen an energietechnischem und informationstechnischem Netz

7 Beispiele aus der Praxis

Exemplarisch wird an Beispielen aus der Praxis die Ausführung des EMV-orientierten Blitz-Schutzzonen-Konzepts gezeigt.

7.1 Spitzenkraftwerk

Am Beispiel des Spitzenlast-Kraftwerks Veits des Allgäuer Überlandwerks (AÜW) in Kempten wird vorgeführt, wie bei bereits bestehenden Anlagen Neubauten mit elektronischen Einrichtungen nach dem EMV-Blitz-Schutzzonen-Konzept optimal geschützt und diese Maßnahmen mit den bereits bestehenden verträglich gemacht werden können [44].
Die Maschinenhalle des neuen Gasturbinenblocks wurde direkt an die vorhandene Maschinenhalle mit den Dieselgeneratoren angebaut und deren bestehende Blitzschutzanlage unverändert in das Blitzschutz-Gesamtkonzept integriert (**Bild 61**).
Das zu schützende Volumen (BSZ 1) des Gasturbinenblocks besteht aus folgenden Komponenten:
- der Maschinenhalle des Gasturbinenblocks,
- den vier erdüberdeckten Gastanks mit den Tankdomen und den Gasleitungen,
- der externen Gasverteilerstation,
- den zugehörigen Verbindungstrassen mit Starkstromkabeln und informationstechnischen Kabeln.

Der Übergang von der BSZ 0 auf die BSZ 1 wird beispielhaft an der Bauausführung der Maschinenhalle näher erläutert. Das Flachdach und die Fassaden beste-

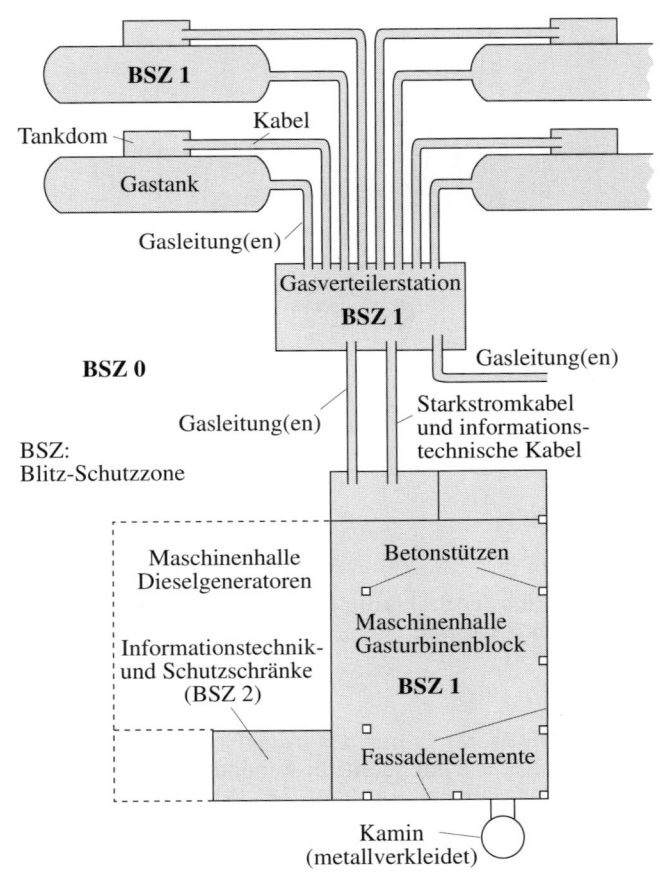

Bild 61 Übersichtsplan des Spitzenlast-Kraftwerks

hen aus üblichen Stahlbeton-Fertigteilen mit verschweißter Bewehrung (**Bild 62**). Als Besonderheit sind an den vier Ecken der Fertigungsteile an die Bewehrung angeschweißte Gewindehülsen herausgeführt (**Bild 63**), so daß die Bewehrungen der einzelnen Fertigteile nach ihrem Einbau sehr einfach auf kurzem Wege elektrisch leitend miteinander verbunden werden können (**Bild 64**).
Die Ableitung vom Dach in die Ortbeton-Köcherfundamente geschieht über zusätzlich in die Betonstützen eingelegten Rundstahl, wobei ebenfalls zusätzliche Verbindungspunkte für einen Anschluß der Fertigteilarmierung der Fassadenelemente vorgesehen sind.

Bild 62 Stahlbewehrung der Betonfertigteile

Bild 63 Gewindehülse, an Bewehrung angeschweißt

Bild 64 Elektrische Verbindung der Betonfertigteile

Zur Sicherstellung eines geschlossenen, elektromagnetischen Schirms wurde die Wandseite zur bereits vorhandenen Dieselgeneratoren-Maschinenhalle mit durchkontaktiertem Maschinendrahtgeflecht belegt. Im Boden der Maschinenhalle wurde mit der Bewehrung verschweißtes Bandeisen maschenförmig verlegt und elektrisch leitend mit der Bewehrung der Köcherfundamente verbunden **(Bild 65)**.
Mit den beschriebenen, einfachen und auch kostengünstigen Maßnahmen wird bereits eine nennenswerte Grundschirmung des Innern der Maschinenhalle gegen das elektromagnetische Feld der Blitzentladung erreicht.
Grundsätzlich wurden innerhalb des zu schützenden Volumens (BSZ 1) ausschließlich geschirmte Kabel verwendet, wodurch eine weitere Reduzierung vorhandener Reststörfelder erreicht wurde.
Alle geschirmten Kabel aus dem Bereich der Maschinenhalle wurden in der unmittelbar benachbarten Warte zu Informationstechnik-Schränken geführt, die als geschlossene Metallblechkästen ausgeführt sind. Dadurch entstand innerhalb der Informationstechnik-Schränke und der sie verbindenden Kabel eine BSZ 2. Die weitere Leitungsführung erfolgte zu zwei Schutzschränken, in denen die Kabelschirme aufgelegt und die aktiven Adern mit geeigneten Überspannungsschutzgeräten beschaltet wurden. Diese Schutzschränke **(Bild 66a bis c)** bilden die zentrale Schnittstelle zwischen dem geschützten Volumen der Maschinenhalle und dem Außenbereich.
Ein besonderes Problem ergab sich dadurch, daß die erdüberdeckten Gastanks und die im Erdreich verlaufenden Gasleitungen katodisch geschützt werden sollten. Hierzu mußten zwei unterschiedliche Potentialausgleichsebenen geschaffen werden:

Bild 65 Bandeisen verbindet Bewehrungsstahl

a)

Bild 66 Schutzschränke
a) Warte (Schutzschränke geöffnet, links im Bild),
b) Schutzschränke (Gesamtansicht),
c) Schutzschrank (Kabeleinführung mit Schutzgeräten Blitzductor®)

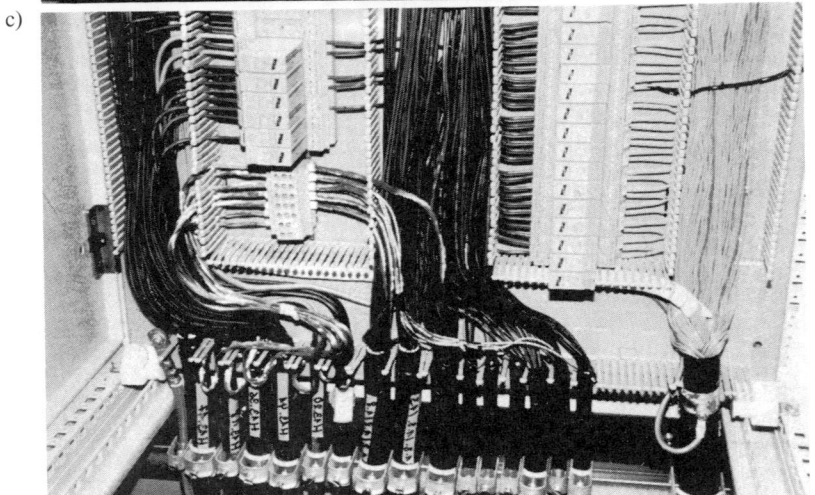

b)

c)

- die bereits angesprochene direkte Erdung über die Fundamenterder,
- der Potentialausgleich auf der Ebene des katodischen Schutzpotentials.

Eine stark schematisierte Übersicht über die Leitungsbehandlung in und in der Umgebung der Gasverteilerstation zeigt das **Bild 67**. Auf die Katodische Korrosionsschutz-Potentialausgleichsschiene (KKS-PAS) sind diejenigen Kabelschirme aufgelegt, die zu Geräten auf dem katodischen Schutzpotential führen. Weiterhin sind an diese Potentialausgleichsschiene die Metallhüllen der Gastanks und die von den Tanks eingeführten Leitungen direkt angeschlossen.

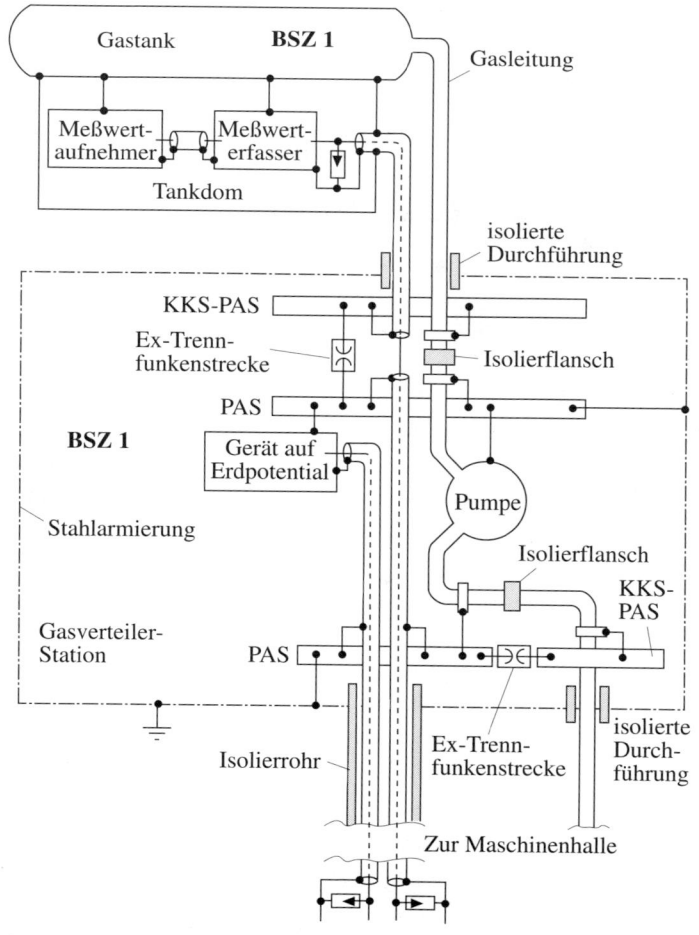

Bild 67 Potentialausgleich bei der Gasverteilerstation

Die Durchführung der Kabelschirme und der Gasleitungen mußte gegenüber der geerdeten Armierung der Gasverteilerstation isoliert erfolgen. Da die Gasleitung innerhalb der Gasverteilerstation auf Erdpotential liegt, mußte ein Isolierstück in den Zug der Gasleitung sowohl beim Eintritt in die als auch beim Austritt aus der Gasverteilerstation eingebaut werden.

Geräte auf Erdpotential und die entsprechenden Kabelschirme wurden an die direkt mit Erde verbundene Potentialausgleichsschiene PAS angeschlossen. Für den Blitzschutz-Potentialausgleich wurden die auf katodischem Schutzpotential liegende Potentialausgleichsschiene (KKS-PAS) und die auf Erdpotential liegende Potentialausgleichsschiene (PAS) über geeignete Ex-Trennfunkenstrecken miteinander verbunden (**Bild 68**).

Bild 68 Eine explosionsgeschützte Trennfunkenstrecke verbindet die auf katodischem Schutzpotential liegende Potentialausgleichsschiene mit der auf Erdpotential liegenden Potentialausgleichsschiene

Eine entsprechende Lösung wurde beim Eintritt der Kabel und der Gasleitungen in den Bereich der Maschinenhalle gewählt.

7.2 Tankstelle

Die Autobahn-Tankstelle Pentling (**Bild 69**) liegt etwa 10 km südlich von Regensburg an der Autobahn A 93 München–Weiden. Es handelt sich bei dieser Tankanlage z. Z. um die modernste der gesamten Region. Hohe Sicherheitsauflagen hinsichtlich Gewässer-, Explosions- und Blitzschutz waren zu erfüllen. Für die Betankung stehen vollelektronische Zapfanlagen mit insgesamt 28 Zapfschläuchen Tag und Nacht zur Verfügung.

Bild 69 Gesamtansicht der Tankanlage Pentling

Bild 70 Benzinpreisanzeige (in BSZ 0)

Bereits im Planungsstadium wurden die Blitzschutzmaßnahmen nach dem EMV-orientierten Blitz-Schutzzonen-Konzept ausgelegt. Die Wirksamkeit dieses Schutzsystems hat sich kurze Zeit nach der Einweihungsfeier unter Beweis gestellt. Der in der Anlage installierte Blitzzähler hat bereits einige Wochen nach Inbetriebnahme einen Blitzeinschlag registriert, ohne daß es zu Schäden in der Tankanlage gekommen ist.

Die außerhalb des Tankstellengebäudes und der Zapfanlage liegenden Einrichtungen, wie z. B. Benzinpreisanzeige (**Bild 70**) und Außenbeleuchtungsmaste, sind durch direkte Blitzeinschläge gefährdet und liegen in der BSZ 0 (**Bild 71**). Die von diesen Anlagenteilen kommenden Leitungen sowie die EVU-Netzzuführung sind bei Leitungseintritt in das Tankstellengebäude (BSZ 1) blitzstromtragfähig schutzbeschaltet worden (Blitzstromableiter).

Teile der Außenbeleuchtung des Tankstellengebäudes liegen vor direkten Blitzeinschlägen geschützt unterhalb des Metalldachs (**Bild 72**). Dieser außerhalb des zu schützenden Volumens liegende Bereich ist zwar vor direkten Blitzeinschlägen geschützt, nicht jedoch vor dem LEMP; hier herrscht also die BSZ 0/E. Die aus diesem Bereich kommenden Leitungen sind an der Eintrittstelle in die BSZ 1 mit Überspannungsableitern beschaltet worden.

Die Auswertung, Protokollierung und Verrechnung des Tankvorgangs erfolgt über die automatisch gesteuerte Kassenanlage (**Bild 73**). Die Zapfsäulen sind über Tankdatenleitungen mit der Kassenanlage verbunden. Diese Leitungen, die ebenfalls die BSZ 0/E durchlaufen, sind beim Eintritt in die BSZ 1 (metallgekapselte Zapfsäule bzw. Tankstellengebäude) mit Überspannungsableitern versehen worden.

Bild 74 zeigt den Schutzraum mit der Schnittstelle zwischen BSZ 0 bzw. BSZ 0/E und BSZ 1. Die von der BSZ 0 eingeführten Leitungen sind mit zwei- oder vierpoligen *Blitzstromableitern* schutzbeschaltet worden (**Bild 75**).

Die aus der BSZ 0/E eingeführten Leitungen des energietechnischen Netzes (z. B. von den Zapfsäulenpumpen und Außenbeleuchtungselementen, Bild 72) sind mit *Überspannungsableitern* versehen (**Bild 76**). Die Leitungen des informationstechnischen Netzes (z. B. Tankdatenleitungen) sind mit *Überspannungsableitern* Blitzductor® schutzbeschaltet worden (**Bild 77**).

Bild 78 zeigt die Schutzbeschaltung in der Zapfsäule: Die Pumpenleitungen sind mit Überspannungsableitern für das energietechnische Netz, die Tankdatenleitungen sind mit Blitzductor®en ausgerüstet worden.

Bild 71 Einteilung in Blitz-Schutzzonen

Bild 72 Außenbeleuchtung unterhalb des Metalldachs (in BSZ 0/E)

Bild 73 Automatisch arbeitende Kassenanlage

▶

Bild 75 Detailaufnahme Blitzstromableiter in zwei- und vierpoliger Ausführung (an Schnittstelle zwischen BSZ 0 und BSZ 1)

Bild 74 Schutzraum mit Übergang zwischen den BSZ 0 bzw. BSZ 0/E zur BSZ 1; Einsatz der Blitzstromableiter und Überspannungsableiter

Bild 76 Detailaufnahme Überspannungsableiter (an Schnittstelle zwischen BSZ 0/E und BSZ 1)

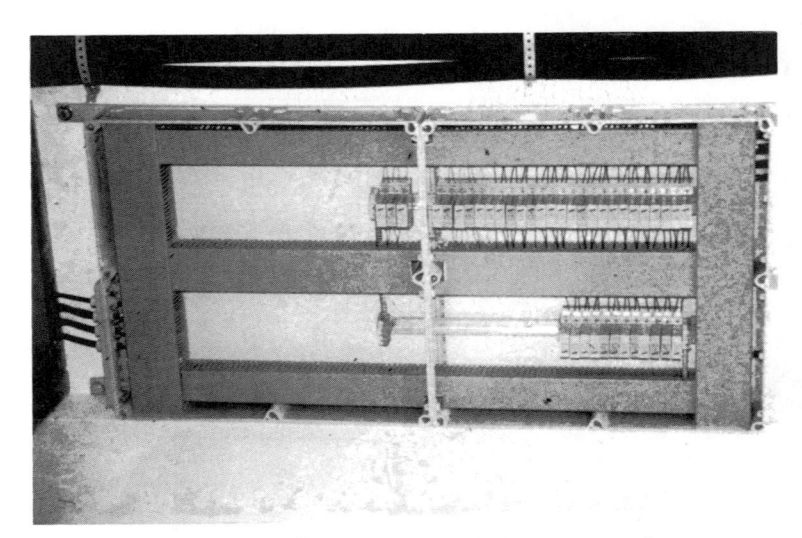

Bild 77 Detailaufnahme Überspannungsableiter Blitzductor® (an Schnittstelle zwischen BSZ 0/E und BSZ 1)

Bild 78 Schutzbeschaltung in der Zapfsäule (an Schnittstelle zwischen BSZ 0/E und BSZ 1)

7.3 Zentralrechner einer Fabrik

Die Firma Hoffmann Mineral in Neuburg/Donau betreibt ein (im Bürogebäude) zentral installiertes Rechenzentrum (**Bild 79**) für Rechnungswesen, Buchhaltung, Arbeitsvorbereitung, Materialdisposition und Lagerverwaltung.
Der Datentransfer erfolgt über eine Vierdraht-Current-Loop-20-mA-Stromschnittstelle. Als Anschlußmittel werden 25polige D-Subminiatur-Stecker verwendet.
Ein längerfristiger Ausfall des Rechenzentrums, z. B. als Folge einer Überspannungseinwirkung, würde nicht nur den vollautomatischen Betriebsablauf lahmlegen, sondern auch dem Unternehmen einen Schaden mit nicht absehbaren finanziellen Folgen zufügen.
Nach dem EMV-orientierten Blitz-Schutzzonen-Konzept wurden das Bürogebäude mit Äußerem Blitzschutz versehen und die Schnittstellen zwischen BSZ 0 und BSZ 1 entsprechend behandelt. Der im Bürogebäude liegende Rechnerraum wurde, wie im folgenden beschrieben, als BSZ 2 ausgelegt.
Das energietechnische Versorgungsnetz wurde am Übergang von der BSZ 1 auf die BSZ 2 mit Überspannungsableitern beschaltet (**Bild 80**). Für die Datenleitungen wurden an diesem Zonenübergang überspannungsgeschützte Datensteckdosen eingesetzt, die mechanisch und elektrisch auf die Computer-Schnittstellen abgestimmt sind. Diese Überspannungsableiter in Steckdosenform besitzen

Bild 79 Rechnerraum Firma Hoffmann Mineral, 8858 Neuburg/Donau

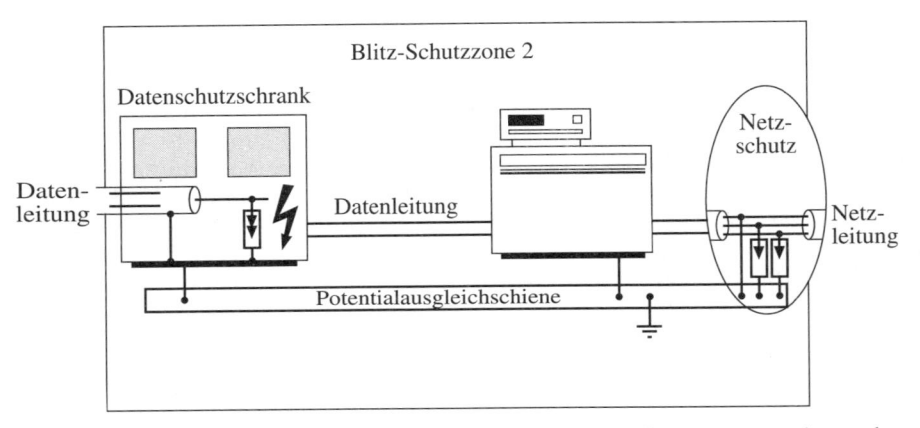

Bild 80 Beschaltung von Netz- und Datenleitungen einer Computerzentrale an den Schnittstellen zwischen den BSZ 1 und 2 mit Überspannungsableitern

frontseitig den »geschützten Ausgang« – eingebaut in einen 19-Zoll-Schutzschrank bieten sie somit die Möglichkeit zu rangieren, so daß dieser Schutzschrank gleichzeitig als Rangierverteiler genutzt wird (**Bild 81** und **Bild 82**).

Bild 81 Frontansicht des 19-Zoll-Schutzschranks

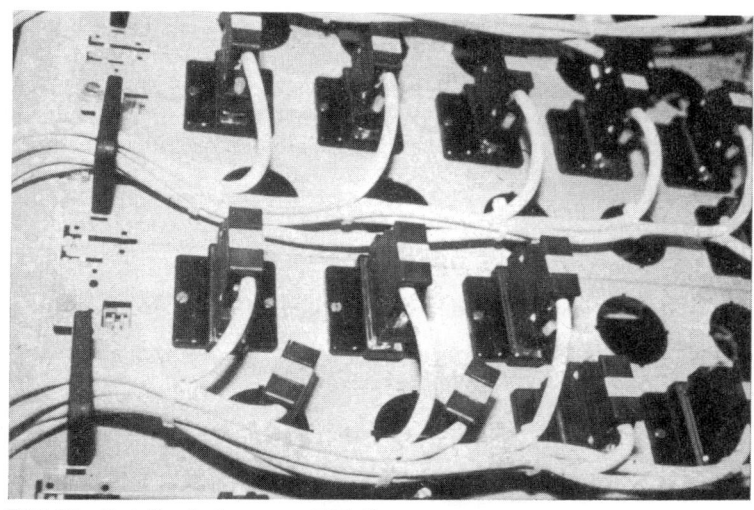

Bild 82 Detailaufnahme aus Bild 81

8 Projektphasen beim EMV-Blitz-Schutzzonen-Konzept

Der Schutz gegen die sehr energiereichen und sehr breitbandigen elektromagnetischen Einwirkungen des Blitzes ist eine übergeordnete EMV-Maßnahme, die insbesondere durch eine weitere EMV-Maßnahme gegen die elektromagnetischen Einwirkungen infolge von Schalthandlungen zu ergänzen ist.
Die Realisierung des Blitzschutzes und des Schutzes gegen Überspannungen aus Starkstromanlagen für elektronische Anlagen und Systeme als umfassende EMV-Maßnahme gliedert sich in verschiedene Projektphasen [18].

Definitionsphase

Festlegen der erforderlichen Güte des Schutzes (Schutzklasse nach CEI/IEC 1024-1 [9]), und von Schutzzonen für die gesamte bauliche Anlage als Basis für die weitere Planung.

Projektierungsphase 1

- Bei bereits erstellten baulichen Anlagen: Aufnahme vor Ort und Dokumentation aller für den Schutz relevanter, baulicher Gegebenheiten, der metallenen Komponenten und Installationen sowie der starkstrom- und informationstechnischen Installationen.
- Bei baulichen Anlagen im Planungsstadium: Dokumentation aufgrund von Planungsunterlagen aller für den Schutz relevanten Gegebenheiten, der metallenen Komponenten und Installationen sowie der starkstrom- und informationstechnischen Installationen.

Projektierungsphase 2

Erstellen eines umfassenden Maßnahmenkatalogs und bei Bedarf eines Stufenplans für einen technisch-wirtschaftlich ausgewogenen Schutz einschließlich der Detailspezifizierung der Schirmungsmaßnahmen sowie der Ableiter und ihrer Einbauorte.

Realisierungsphase

- Einweisung des Montagepersonals
- Überwachung und Dokumentation der Ausführung der Schutzmaßnahmen, gegebenenfalls Aufzeigen von notwendigen Nachbesserungen.

Abnahmephase

- Abnahme nach vorgegebener Spezifikation und Erstellen eines Abnahmeprotokolls
- Einweisung von Personal in die Überwachung und die Prüfung der Blitzschutzanlage und -geräte.

Überwachungsphase

Wiederkehrende Durchführung und Dokumentation von Inspektionen und Aufzeigen von notwendigen Nachbesserungen.

Erweiterungsphase

Aufzeigen und Spezifizieren von konzeptkonformen Schutzmaßnahmen bei Erweiterungen der Anlagen und Systeme.

9 Systemprüfungen

Prüfungen einer baulichen Anlage auf der Basis des EMV-orientierten Blitz-Schutzzonen-Konzepts einschließlich der in Prüfbüchern zu dokumentierenden Abnahme- und Wiederholungsprüfungen müssen beinhalten [18]:
- Überprüfung der Bereiche, vorteilhaft mit dem Blitzkugelverfahren, in die direkte Blitzeinschläge ausgeschlossen werden,
- Überprüfung des Zusammenschlusses der Erdungsanlagen und der Erderkorrosion (Stichproben!),
- Überprüfung der Gebäude- und Raumschirmungen (z. B. Zusammenschluß von Bewehrungsstahl und Metalltür-Elementen),
- Überprüfung des Potentialausgleichs an allen BSZ-Schnittstellen unter Beachtung von Systemverträglichkeit und Leistungsfähigkeit der eingesetzten Verbinder und Ableiter (Blitzstromableiter an den Schnittflächen der BSZ 0 und 1, Überspannungsableiter an den Schnittflächen der BSZ 0/E und 1, 1 und 2 usw.),
- Überprüfung der Schutzmaßnahmen bei Näherungen bei großmaschigem Äußeren Blitzschutz an der Grenzfläche der BSZ 0 und 1,
- Überprüfung der vermaschten bzw. sternförmigen Funktions-Potentialausgleichs-Anlagen [10, 12] (bei sternförmigen Potentialausgleichsanlagen sind Isolationsprüfungen notwendig!),
- mit tragbaren Prüfgeräten können bedarfsweise (z. B. bei kerntechnischen Anlagen) die U-I-Kennlinien von Varistor-Ableitern und die Funktionsfähigkeit komplexer Ableiter überprüft werden.

Sogenannte elektromagnetische »low-level-Tests« an ausgeführten baulichen Anlagen können in Ausnahmefällen bei der Abnahmeprüfung sinnvoll sein, wobei ein Generator an als besonders kritisch ermittelten Einschlagpunkten einen Stoßstrom einspeist, der bei reduziertem Scheitelwert in seinem zeitlichen Verlauf dem Blitzstrom entspricht. Die Stromrückführung wird hierbei durch spinnenbeinförmig angeordnete Leitungen vom Generator zur benachbarten Erde realisiert. Die meßtechnisch erfaßten elektromagnetischen Einkopplungen innerhalb der baulichen Anlage müssen dann auf den tatsächlichen Scheitelwert des Blitzstroms extrapoliert werden.

9.1 Komponentenprüfungen bei Blitzstrom

Verbinder und Ableiter, die beim Blitzschutz-Potentialausgleich an der Schnittfläche der BSZ 0 und 1 eingesetzt werden, müssen die prospektiven Blitzteilströme führen können. Die in VG 96 903 [45] angegebenen Prüfwerte für den energiereichen Anteil des Blitzstroms sind je nach Schutz- bzw. Bedrohungsklasse in Tabelle 15 zusammengestellt. Die Schaltungen für entsprechende Prüfgeneratoren finden sich ebenfalls in [45]. Wenn nur Teilblitzströme über die betreffenden Elemente zu erwarten sind, können die Prüfwerte entsprechend reduziert werden (typisch auf 50 %, 20 %, 10 % und 5 %).
Ableiter müssen zusätzlich bestimmte Stoßspannungspegel garantieren (typisch 6 kV – 20 % im Starkstromnetz und 1,5 kV – 20 % im Fernmeldenetz) sowie gegebenenfalls Netzfolgeströme löschen.

9.2 Komponentenprüfungen bei Blitz- und Schaltstörungen

Leitungsgeführte Blitzstörungen an den Schnittflächen der BSZ 0/E und 1 sowie 1 und 2 werden ebenso wie energiereiche Schaltstörungen in den BSZ 1 bis n vor allem durch Beanspruchungen 1,2/50 µs und 10/700 µs gemäß Tabelle 11 und Tabelle 12 mit den in [21, 22] angegebenen Toleranzen nachgebildet. Die in VG 96 903 [21, 22] angegebenen Scheitelwerte können je nach Prüfschärfe bzw. Umgebungsklasse nach DIN VDE 0846 Teil 11 und DIN VDE 0847 Teil 2 entsprechend reduziert werden [25]. Die Schaltungen für die Prüfgeneratoren finden sich ebenfalls in [21, 22]. Detaillierte Angaben für die Prüfung mit Schaltstoßspannungen 0,1/1,3 ms sind in DIN VDE 0160 [26] und mit Bursts 5/50 ns in DIN VDE 0846 Teil 11 [25] festgelegt.

9.3 Komponentenprüfungen im Blitzfeld

Von besonderer Bedeutung ist die Dämpfungs-Messung von Schirmen bei transienten magnetischen Blitznahfeldern. Eine typische Meßanordnung nach der Raummittelpunkt-Methode, mit der z. B. die Dämpfung von Bewehrungsstahl, Streckmetall oder Metallgittern bestimmt werden kann, ist in **Bild 83** dargestellt [24]. Die Störquelle liefert ein Magnetfeld, das entweder in seinem zeitlichen Verlauf dem Blitzstrom (Tabelle 10) entspricht oder bei diskreten Frequenzen (üblich 100 Hz bis 10 MHz) erzeugt wird. Allerdings sind Dämpfungsmessungen an technischen Schirmen nicht eindeutig interpretierbar und von dem jeweiligen Meßverfahren abhängig. Für die Simulation von Blitzfeldern liegen noch keine genormten Prüfverfahren vor.

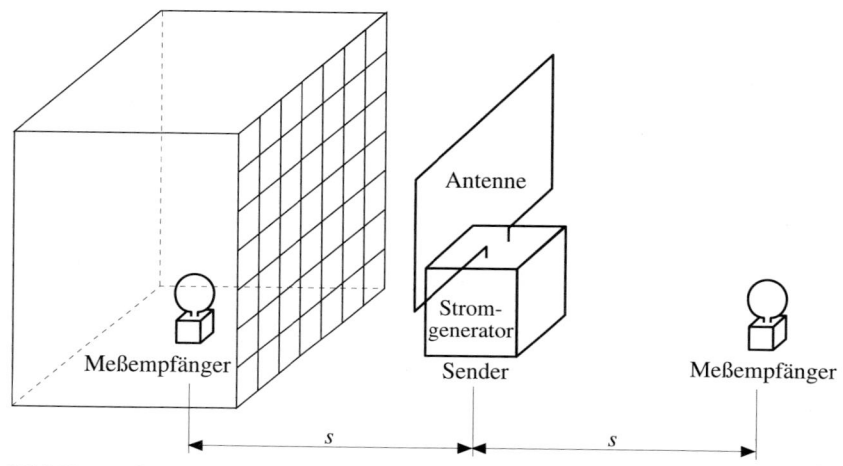

Bild 83 Aufbau für die Messung magnetischer Schirmdämpfungen

10 Ausblick

Wegen der zunehmenden Anzahl der in Industrie- und Dienstleistungsbereichen eingesetzten Fernmeldeanlagen, ihrer zunehmenden großflächigen Vernetzung und ihrer zunehmenden Störempfindlichkeit werden die Anforderungen an den Blitzschutz derartiger Anlagen immer komplexer. Die notwendigen Schutzmaßnahmen müssen zu in sich geschlossenen, EMV-gerechten Schutzkonzepten zusammengefügt werden, die bereits in die Bauplanung einfließen. Ihre Verwirklichung muß während der Bauphase überwacht und nach Baufertigstellung auf Erfüllung sämtlicher Anforderungen geprüft werden. Mit Wiederholungsprüfungen ist eine periodische Überwachung notwendig, und gegebenenfalls werden konzeptkonforme Nachrüstungen erforderlich.

Das in diesem Beitrag vorgestellte EMV-orientierte Blitz-Schutzzonen-Konzept hat sich in der Praxis seit Jahren bewährt. Seine Durchsetzung erfordert interdisziplinäre Zusammenarbeit aller Beteiligten und Koordination von Anforderungen, Aktivitäten und Maßnahmen. Für eine ausreichende Anlagen-Zuverlässigkeit und geringe Nachbesserungs-Erfordernisse ist ein relativ hoher präventiver Schutz-Aufwand erforderlich.

Literatur

[1] Sachse, Ch.: Computersicherheit - Tanz auf dem Vulkan. Management-Wissen (1987) H. 6
[2] Kohling, A.: EG-Rahmenrichtlinie und Europäische Normen zur EMV. etz Elektrotech. Z. 112 (1991) H. 9, S. 438–441
[3] Richtlinien des Rats vom 3.5.1989 zur Angleichung der Rechtsvorschriften der Mitgliedstaaten über die Elektromagnetische Verträglichkeit (89/336/EWG). Brüssel: Amtsbl. d. Gem. L 139/19 (23.5.1989)
[4] Hasse, P.: Überspannungsschutz von Niederspannungsanlagen - Einsatz elektronischer Geräte auch bei direkten Blitzeinschlägen. Köln: Verlag TÜV Rheinland, 1987
[5] Clark, O.M.; Gavender, R. E.: Lightning protection for microprocessor based electronic systems. Record of Conference Papers Industrial Applications Society, 36th Annual Petroleum and Chemical Industry Conference, 11.–13. Sept. 1989, San Diego, CA, USA
[6] Hasse, P.: Blitz- und Überspannungsschutz. 3. Forum für Versicherer, Dehn + Söhne, Nürnberg und Neumarkt/Oberpfalz, 8. März 1990.
[7] Nowak, K.: Das Überspannungsschutz-System - Sicherheitsrelevante Arbeits-, Unfall-, Umwelt- und Objektschutzmaßnahme. de Der Elektromeister (1990) H. 8
[8] DIN VDE 0185/11.82: Blitzschutzanlage –
Teil 1: Allgemeines für das Errichten
Teil 2: Errichten besonderer Anlagen
[9] CEI IEC 1024-1/03.90: Protection of structures against lightning. Part 1: General Principles. International Electrotechnical Commission, 3, rue de Varembe, 1211 Geneva 20, Switzerland
[10] DIN VDE 0800 Teil 1/05.89: Fernmeldetechnik – Allgemeine Begriffe, Anforderungen und Prüfungen für die Sicherheit der Anlagen und Geräte
[11] DIN VDE 0800 Teil 10/05.89: Fernmeldetechnik – Übergangsfestlegung für Errichtung und Betrieb der Anlagen sowie ihre Stromversorgung
[12] DIN VDE 0800 Teil 2/07.85: Fernmeldetechnik – Erdung und Potentialausgleich
[13] DIN VDE 0845 Teil 1/10.87: Schutz von Fernmeldeanlagen gegen Blitzeinwirkungen, statische Aufladungen und Überspannungen aus Starkstromanlagen. Maßnahmen gegen Überspannungen
[14] VG 96 902 Teil 3/08.86: Schutz gegen nuklearelektromagnetischen Impuls (NEMP) und Blitzschlag. Programme und Verfahren. Verfahren für Systeme und Geräte
[15] Hasse, P.; Wiesinger, J.: Handbuch für Blitzschutz und Erdung. 3. Aufl., München: Pflaum Verlag. Berlin u. Offenbach: vde-verlag, 1989
[16] Wiesinger, J.: Blitz-Schutzzonen: Eine EMV-orientierte Philosophie des Blitzschutzes von informationstechnischen Anlagen. Elektr. Wirtschaft 89 (1990) H. 10, S. 521 bis 525
[17] Hasse, P.: Überspannungsschutz von Niederspannungsanlagen. Elektrotechnik (1988) H. 12, (1989) H. 1 u. 2
[18] Hasse, P.; Wiesinger, J.: Anforderungen und Prüfungen im Rahmen des EMV-orientierten Blitz-Schutzzonen-Konzepts. etz Elektrotech. Z. (1990) H. 21
[19] DIN VDE 0185 Teil 100/Entwurf 10.87: Festlegungen für den Gebäudeblitzschutz. Allgemeine Grundsätze

[20] VG 96 901 Teil 4/10.85: Schutz gegen nuklearelektromagnetischen Impuls (NEMP) und Blitzschlag. Allgemeine Grundlagen. Bedrohungsdaten
[21] VG 96 903 Teil 76/08.89: Schutz gegen nuklearelektromagnetischen Impuls (NEMP) und Blitzschlag. Prüfverfahren, Prüfeinrichtungen und Grenzwerte. Verfahren LF 76: Prüfung mit Direkteinspeisung eines Spannungsimpulses 1,2/50 µs und eines Stromimpulses 8/20 µs
[22] VG 96 903 Teil 75/08.89: Schutz gegen nuklearelektromagnetischen Impuls (NEMP) und Blitzschlag. Prüfverfahren, Prüfeinrichtungen und Grenzwerte. Verfahren LF 75: Prüfung mit Direkteinspeisung eines Spannungsimpulses 10/700 µs
[23] VG 96 907 Teil 2/12.86: Schutz gegen nuklearelektromagnetischen Impuls (NEMP) und Blitzschlag. Konstruktionsmaßnahmen und Schutzeinrichtungen. Besonderheiten für verschiedene Anwendungen
[24] Schwab, A.J.: Elektromagnetische Verträglichkeit. Berlin u. Heidelberg: Springer-Verlag
[25] DIN VDE Taschenbuch 515: Elektromagnetische Verträglichkeit 1. DIN-VDE-Normen. Berlin u. Offenbach: vde-verlag, 1989
[26] DIN VDE 0160/05.88: Ausrüstung von Starkstromanlagen mit elektronischen Betriebsmitteln
[27] Kern, A.: Time dependent temperature distribution in metal sheets caused by direct lightning strikes. 6th Intern. Symp. on High Voltage Energ. (ISH), New Orleans 1989, Paper 10.09
[28] DIN VDE 0618 Teil 1/08.89: Betriebsmittel für den Potentialausgleich. Potentialausgleichsschiene (PAS) für den Hauptpotentialausgleich
[29] DIN 48 810/08.86: Blitzschutzanlage. Verbindungsbauteile und Trennfunkenstrecken. Anforderungen, Prüfungen
[30] Hasse, P.: Überspannungsschutzgeräte und Schutzmaßnahmen – Stand der Technik und Normung. de Der Elektromeister (1990) H. 9 u. 10
[31] DIN VDE 0100 Teil 410/11.83: Errichten von Starkstromanlagen mit Nennspannungen bis 1000 V – Schutzmaßnahmen; Schutz gegen gefährliche Körperströme
[32] DIN VDE 0100 Teil 540/05.86: Errichten von Starkstromanlagen mit Nennspannungen bis 1000 V – Auswahl und Errichtung elektrischer Betriebsmittel; Erdung, Schutzleiter, Potentialausgleichsleiter
[33] DIN VDE 0190/05.86: Einbeziehen von Gas- und Wasserleitungen in den Hauptpotentialausgleich von elektrischen Anlagen – Technische Regel des DVGW
[34] DIN VDE 0855 Teil 1/05.84: Antennenanlagen – Errichtung und Betrieb
[35] DIN VDE 0110/01.89: Isolationskoordination für elektrische Betriebsmittel in Niederspannungsanlagen; Teil 1: Grundsätzliche Festlegungen; Teil 2: Bemessung der Luft- und Kriechstrecken
[36] DIN VDE 0675 Teil 6/Entwurf 11.89: Überspannungsableiter zur Verwendung in Wechselstromnetzen mit Nennspannungen zwischen 100 V und 1000 V
[37] Dehn + Söhne: Dehnventil® – Blitzstromableiter, Typ VGA 280. Druckschrift Nr. 530/790, Neumarkt/Oberpfalz
[38] DIN VDE 0804 Teil 2/Entwurf 05.85: Fernmeldetechnik – Herstellung und Prüfung der Geräte, Verläßlichkeit von Bauelementen und Isolierungen
[39] DIN VDE 0675 Teil 1/05.72: Richtlinien für Überspannungsschutzgeräte – Ventilableiter für Wechselspannungsnetze
[40] IEC 99.1: Lightning arrester – Part 1: Non linear resistor type arrester for a.c. systems. Bureau Central de la Commission Electrotechnique International, Genf, 1979

[41] DIN VDE 0664 Teil 1/10.85: Fehlerstrom-Schutzeinrichtungen – Fehlerstrom-Schutzschalter für Wechselspannung bis 500 V und bis 63 A
[42] Dehn + Söhne: Blitzductor®. Druckschrift Nr. 408/389, Neumarkt/Oberpfalz
[43] Dehn + Söhne: BEE 16 NFF/BEE 32 NF – Überspannungsschutz. Druckschrift Nr. 529/490, Neumarkt/Oberpfalz
[44] Lang, U.; Wiesinger, J.: Eine Methode des Blitzschutzes für nachrichtentechnische Anlagen – Das Denken in Blitzschutzzonen. de Der Elektromeister (1990) H. 11
[45] VG 96 903 Teil 71/08.89: Schutz gegen nuklearelektromagnetischen Impuls (NEMP) und Blitzschlag. Prüfverfahren, Prüfeinrichtungen und Grenzwerte. Verfahren LF 71: Prüfung mit Direkteinspeisung des energiereichen Anteils eines Blitzstroms (Blitzstrom nach VG 96 901 Teil 4)

...MIT SICHERHEIT DEHN.

"EMV-BLITZ-SCHUTZZONEN"
— MEHR ALS "ÜBERSPANNUNGSSCHUTZ IM SYSTEM"

Überspannungen an elektrischen Geräten und elektronischen Anlagen, die durch Blitznah- oder -ferneinschläge, wesentlich häufiger aber durch Schalthandlungen entstehen, verursachen unverhältnismäßig große Schäden, besonders was die Folgekosten betrifft.

3 Gründe sind hierfür verantwortlich:
- die Ausweitung informationstechnischer Netze durch die zunehmende Abhängigkeit von Industrie- und Dienstleistungsbetrieben von der elektronischen Datentechnik,
- die zunehmende Empfindlichkeit der verwendeten Bauteile Unregelmäßigkeiten in der Stromversorgung
- die Tatsache, daß elektromagnetische Felder und leitungsgeführte Überspannungen elektronische Anlagen bis zu einer Entfernung von etwa 1 km um den Blitz-einschlagsort gefährden.

Das **EMV-Blitz-Schutzzonen-Konzept** betrachtet das zu schützende Volumen, z. B. ein Rechenzentrum, als eine Einheit, die mit allen Möglichkeiten des Äußeren und Inneren Blitzschutzes vor schädlichen Einwirkungen durch atmosphärische Entladungen oder Überspannungen aus Schalthandlungen geschützt wird.

Am Beispiel eines Gebäudes mit Computeranlage ist schematisiert gezeigt, wie die Blitz-Schutzzonen durch die Äußere Blitzschutzanlage und durch das Abschirmen von Räumen und Geräten gebildet werden.

In der EMV-Blitz-Schutzzone 0, also im Bereich außerhalb des Gebäudes, treten direkte Blitzeinschläge und hohe elektromagnetische Felder auf.

Nach innen nimmt die Gefährdung hinsichtlich leitungsgebundener Störungen und elektromagnetischer Feldeinwirkungen von Zone zu Zone ab.

An der Schnittstelle zwischen EMV-Blitz-Schutzzone 0 und EMV-Blitz-Schutzzone 1 sind alle von außen kommenden Leitungen in den Blitzschutz-Potentialausgleich einzubeziehen. Betriebsmäßig spannungsführende Leitungen werden mit Blitzstromableitern (DEHNVENTIL®, BEE-Schutzkarten) beschaltet.

Bei jeder weiteren Zonenschnittstelle innerhalb des zu schützenden Volumens ist ein weiterer örtlicher Potentialausgleich einzurichten, in den alle metallenen Leitungen und Installationen, die diese Zonen-Schnittstelle durchdringen, einbezo-

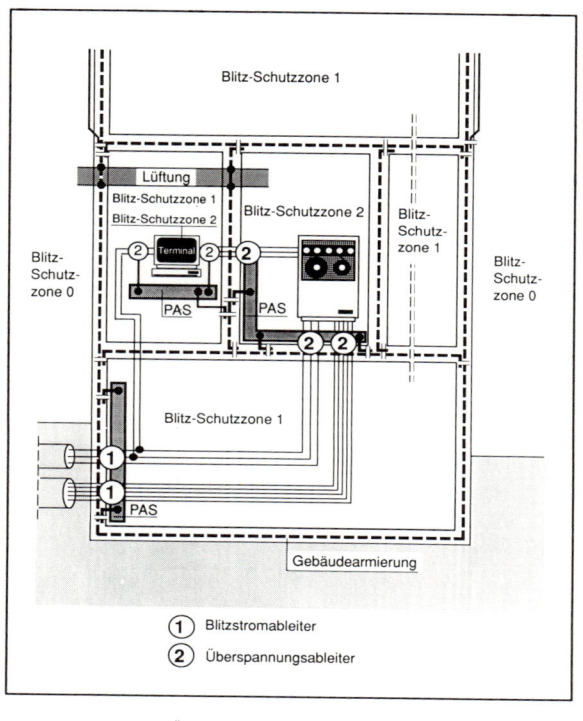

gen werden: Hier werden Überspannungsableiter (entsprechend der Zonengefährdung) eingesetzt.

Schließlich sind die örtlichen Potentialausgleichsschienen untereinander und mit der Blitzschutz-Potentialausgleichsschiene zu verbinden.

Damit sind alle Systeme und Geräte in dem zu schützenden Volumen zuverlässig geschützt, weder Blitzeinschläge noch Überspannungen können Schäden anrichten.

Nur DEHN + SÖHNE bietet ein vollständiges Lieferprogramm für das EMV-Blitz-Schutzzonen-Konzept in seiner Gesamtheit an. Unsere Komponenten, von Bauteilen für den Äußeren Blitzschutz bis zu Überspannungsschutzgeräten zum Einbau direkt in das zu schützende Gerät, sind in ihrer Schutzwirkung aufeinander abgestimmt.

① Blitzstromableiter
② Überspannungsableiter

Fordern Sie unser neuestes Informationsmaterial über das Blitzschutzzonen-Konzept an.

NAME

FIRMA

ABTEILUNG

STRASSE

PLZ-ORT

TELEFON

DEHN + SÖHNE
GMBH + CO KG
ELEKTROTECHNISCHE
FABRIK

...MIT SICHERHEIT DEHN.

ABT. MKT EB 283
HANS-DEHN-STRASSE 1
D-8430 NEUMARKT/OPF.
TELEFON: (09181) 906-0
TELEFAX: (09181) 906-100

ELEKTRISCHE STÖRUNGEN?

**ELEKTRONIKPROJEKTE
INDUSTRIEANLAGEN
FERNMELDEANLAGEN
RECHENZENTREN
AUTOMOBILE
SCHIFFE
FLUGZEUGE**

EMCC DR. RAŠEK
MOGGAST 72-74
W 8553 EBERMANNSTADT
GERMANY
TEL: +49 9194 9016
FAX: +49 9194 8125

**PLANUNGEN, BERATUNGEN
MESSUNGEN, ENTSTÖRUNG**

EMV-Maßnahmen in elektronischen Systemen

Dipl.-Ing. *Thomas Rudolph,* AEG Aktiengesellschaft, Frankfurt am Main

1 Einleitung

Die rasche Entwicklung der Elektronik in den letzten Jahren führte neben einer weiten Verbreitung von elektronischen Geräten und Systemen in vielen Bereichen auch zu einem gleichzeitigen Anstieg von Störungen, die auf elektromagnetischen Beeinflussungen beruhten. Die diesen Beeinflussungen zugrunde liegenden physikalischen Vorgänge waren vorher keineswegs unbekannt. Die langsame, energieintensive und damit störarme Technologie verhinderte ein allzu häufiges Auftreten von Störphänomenen. Die Zunahme der Beeinflussungen von Fehlfunktionen bis zu Gerätedefekten lief parallel zur Weiterentwicklung von der Elektrotechnik zur Mikroelektronik mit ihren schnellen Komponenten und geringen Signalpegeln. Die Notwendigkeit zur präventiven Betrachtung dieser Beeinflussungen stieg in dem Maße, in dem nicht mehr ein einzelnes elektrisches Gerät betrachtet wurde, sondern Systeme entstanden, die in ihrer Gesamtheit die geforderten Leistungen erfüllen mußten. Dies galt nicht nur für die nach außen sichtbaren Funktionen, auch die Beherrschung von geräteinternen Störungen durch Nachbarbauteile, Leiterbahnführungen und Bauteileanordnungen nahm einen immer größer werdenden Stellenwert bei der Entwicklung neuer Gerätegenerationen ein. Die Betrachtung vieler Randbedingungen führte von der Beeinflussungsfrage zu einer eigenständigen Thematik, dem Begriff der Elektromagnetischen Verträglichkeit, deren Definition hier zitiert wird: »**Die Fähigkeit einer elektrischen Einrichtung, in ihrer elektromagnetischen Umgebung zufriedenstellend zu funktionieren, ohne diese Umgebung, zu der auch andere Einrichtungen gehören, unzulässig zu beeinflussen.**«
Definition Elektromagnetische Verträglichkeit (EMV) gemäß DIN VDE 0870 Teil 1.
Das Erreichen der Elektromagnetischen Verträglichkeit (EMV) ist, trotz der teilweise relativ einfachen Modellbildungen, in der Praxis oft ein sehr aufwendiger Weg, da die Analyse des Systems »elektrische Einrichtung/Umgebung« viel Zeit und Erfahrung benötigt. Je früher allerdings die Ergebnisse dieser Betrachtungen in die Entwicklung eingehen, desto geringer werden die Kosten für Maßnahmen zur Sicherstellung der EMV ausfallen. Darüber hinaus gewinnt die Beachtung der EMV auch aufgrund der voranschreitenden Normungen und gesetzgeberischen Aktivitäten als zugesicherte Produkteigenschaft an Bedeutung.
In den nachfolgenden Abschnitten wird ein Überblick über Maßnahmen zur Sicherstellung der elektromagnetischen Verträglichkeit in elektronischen Systemen gegeben.

2 Grundbegriffe

2.1 Beeinflussungsmodell

Wie bereits in der Einleitung erwähnt, muß die elektrische Einrichtung für die Analyse der Elektromagnetischen Verträglichkeit in ihrer Umgebung betrachtet werden. Dabei sind systemeigene (intrasystemare) und systemfremde (intersystemare) Störungen zu berücksichtigen.

Bild 1 verdeutlicht sowohl die zur Funktion benötigten Informationswege als auch die Wirkungsrichtungen der in- und externen elektromagnetischen Beeinflussungen in einem System X.

Für die Darstellung dieser Wechselwirkungen wird das Beeinflussungsmodell (**Bild 2**) verwendet. Diese Störgrößen werden von der Störquelle über die Kopplung auf die Störsenke übertragen. Auf die Kopplungsmechanismen wird nachfolgend eingegangen, da sie für die EMV-Analyse und die daraus abgeleiteten Maßnahmen von großer Bedeutung sind.

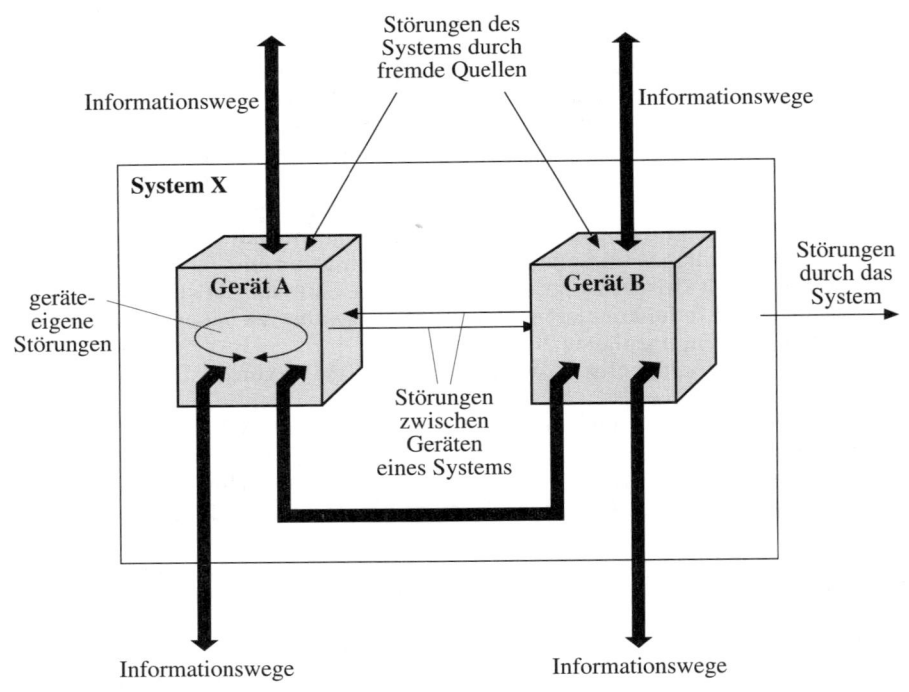

Bild 1 Elektromagnetische Beeinflussung von Systemen

	Störgröße		Störgröße
Störquelle	→	Kopplung	→ Störsenke

Längenverhältnis · galvanisch · Störspannung

$$U_{st} = R_K \cdot i_K + \frac{di_K}{dt}$$

kapazitiv

$$U_{st} = f\left(C_K, \frac{dU}{dt}\right)$$

induktiv

Nahfeld
$\lambda \gg l$

$$U_{st} = M_K \cdot \frac{di_K}{dt}$$

Wellenbeeinflussung

Fernfeld
$\lambda \leq l$

$$U_{st} = f\left(Z_K, \frac{du}{dx}, \frac{di}{dx}\right)$$

Strahlungsbeeinflussung

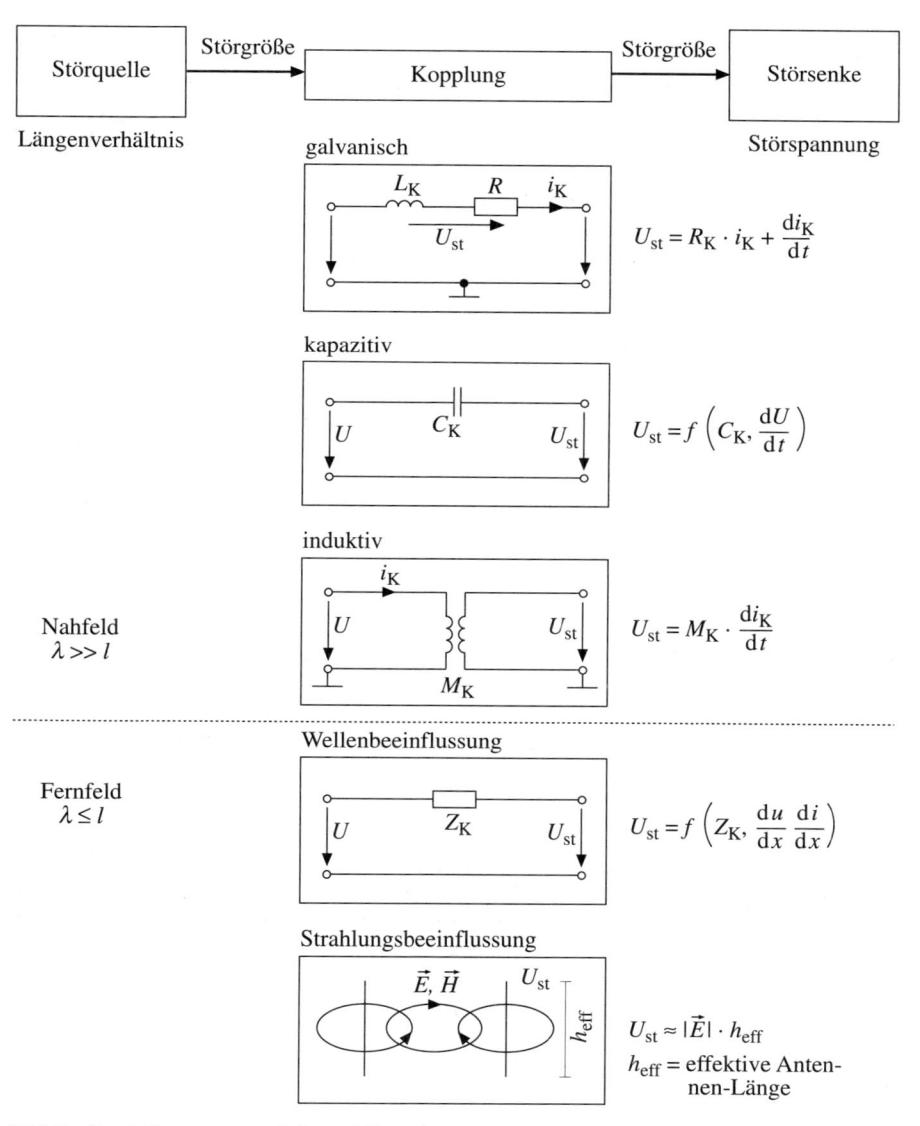

$$U_{st} \approx |\vec{E}| \cdot h_{eff}$$

h_{eff} = effektive Antennen-Länge

Bild 2 Beeinflussungsmodell und Kopplungsarten

2.2 Kopplungsmechanismen

Die Kopplung zwischen Störquelle und Störsenke hängt von der Frequenz bzw. der spektralen Verteilung der Störgröße und den physikalischen Abmessungen der elektrischen Einrichtung ab. Ist die Wellenlänge der Störgröße sehr viel größer als die Abmessungen systeminterner Strukturen, so ist eine quasistationäre Betrachtungsweise ohne die Berücksichtigung von Laufzeiten möglich. In diesem Fall finden die Modelle der galvanischen, kapazitiven oder induktiven Kopplung Anwendung. Die Störungen erreichen die Störsenke fast ausnahmslos leitungsgebunden.

Erreichen Wellenlängen einzelner Spektralanteile der Störgröße die Größenordnung der Systemabmessung, kommt es zur leitungsgebundenen Wellenbeeinflussung bzw. zur Störung durch elektromagnetische Felder (Strahlungsbeeinflussung).

Die nachfolgend dargestellten Kopplungsarten beschreiben in ihrer Gesamtheit alle Übertragungsmechanismen für elektromagnetische Störungen. In der Praxis treten häufig Kombinationen dieser Kopplungsarten auf, daher steht eine gründliche Analyse der Störübertragung vor Durchführung aller Maßnahmen zur Sicherstellung der EMV.

2.2.1 Galvanische Kopplung

Galvanische Kopplungen entstehen durch Impedanzen, die von Strömen verschiedener Stromkreise durchflossen werden. In der Regel sind dies die gemeinsamen Verbindungen wie Stromversorgung oder Bezugsleiter (Masse). Ein typisches Beispiel für galvanische Kopplungen sind Brummspannungen.

2.2.2 Kapazitive Kopplung

Bei Stromkreisen mit unterschiedlichen Potentialen entstehen zwischen den Leitern meist unbeabsichtigt parasitäre Kapazitäten. Über diese werden Wechselspannungen bzw. steilflankige Spannungsimpulse auf andere Stromkreise übertragen. Gerade in der Automatisierungstechnik, wo lange, mehradrige Steuerkabel mit unterschiedlichen Stromkreisen Verwendung finden, kann diese Art der Kopplung zu Störungen führen.

2.2.3 Induktive Kopplung

Starke Stromänderungen, insbesondere in Zuleitungen zu elektrischen Betriebsmitteln, führen zu einer induktiven Kopplung von dem durchflossenen Leiter in weitere Stromkreise. Neben Schaltvorgängen und Laststromschwankungen führen Entladungsvorgänge zu hohen Stromänderungen und werden damit zur Störquelle.

2.2.4 Wellenbeeinflussung

Bei Systemabmessungen in der Größenordnung der Wellenlänge (ab etwa $\lambda/10$) läßt sich die Störanalyse nur noch mit den Modellen der Leitungstheorie durchführen. Die Kopplung zwischen Wellenleitern erfolgt über gemeinsame Teilwellenwiderstände. Innerhalb eines Wellenleiters kommt es durch Reflexionen an Unstetigkeitsstellen und Laufzeiten zur Bildung von Störsignalen. Der Einsatz schneller digitaler Bausteine in elektronischen Systemen erfordert zunehmend eine hochfrequenztechnische Betrachtungsweise, da hier die Abmessungen in der Nähe der kritischen Entfernungen liegen bzw. diese unterschreiten.

2.2.5 Strahlungsbeeinflussung

Die zuvor aufgeführten Kopplungen bezogen sich auf leitungsgeführte Störungen. Bei der Strahlungskopplung gelten die Bedingungen der quasistatischen Betrachtungsweise, bei der elektrische und magnetische Felder unabhängig voneinander auftreten können (Nahfeld), nicht mehr. Die beiden Felder sind über den Wellenwiderstand des freien Raums $Z_0 = E/H = \sqrt{(\mu_0/\varepsilon_0)} = 376{,}7\Omega$ miteinander verknüpft. Diese Bedingung des Fernfelds gilt bis $2\pi \geq \lambda/l$ (Verhältnis von Wellenlänge zu Leiterausdehnung).
Durch den Einsatz von Sprechfunkgeräten im industriellen Bereich, die zunehmende Verbreitung von mobilen Telefonen und den damit angestiegenen Wechselwirkungen zu anderen Systemen gewinnt die Verträglichkeit gegenüber elektromagnetischen Feldern immer stärker an Bedeutung.

3 Störgrößen und Störquellen

3.1 Einteilung der Störgrößen

Im vorherigen Abschnitt wurden die Störgrößen (Spannungen, Ströme, Felder) zwischen leitungsgeführt oder gestrahlt unterschieden. Neben der Ausbreitungsart ist die spektrale Verteilung (Schmal- bzw. Breitbandstörsignale) und die Periodizität der Störgröße für die Wirkung auf die Störsenke bedeutsam. Die Darstellung im Frequenzbereich erfolgt für periodische Störvorgänge mit Hilfe des Amplitudenspektrums, für nichtperiodische Störgrößen mit dem Amplitudendichtespektrum. In **Bild 3** werden diese Unterscheidungen mit Beispielen verdeutlicht.

3.2 Ausgewählte Beispiele für Störquellen

3.2.1 Entladung statischer Elektrizität (ESD)

Elektrostatische Aufladungen entstehen bei allen Reibungsvorgängen zwischen zwei Stoffen und deren anschließender Trennung durch den Erhalt der Ladungs-

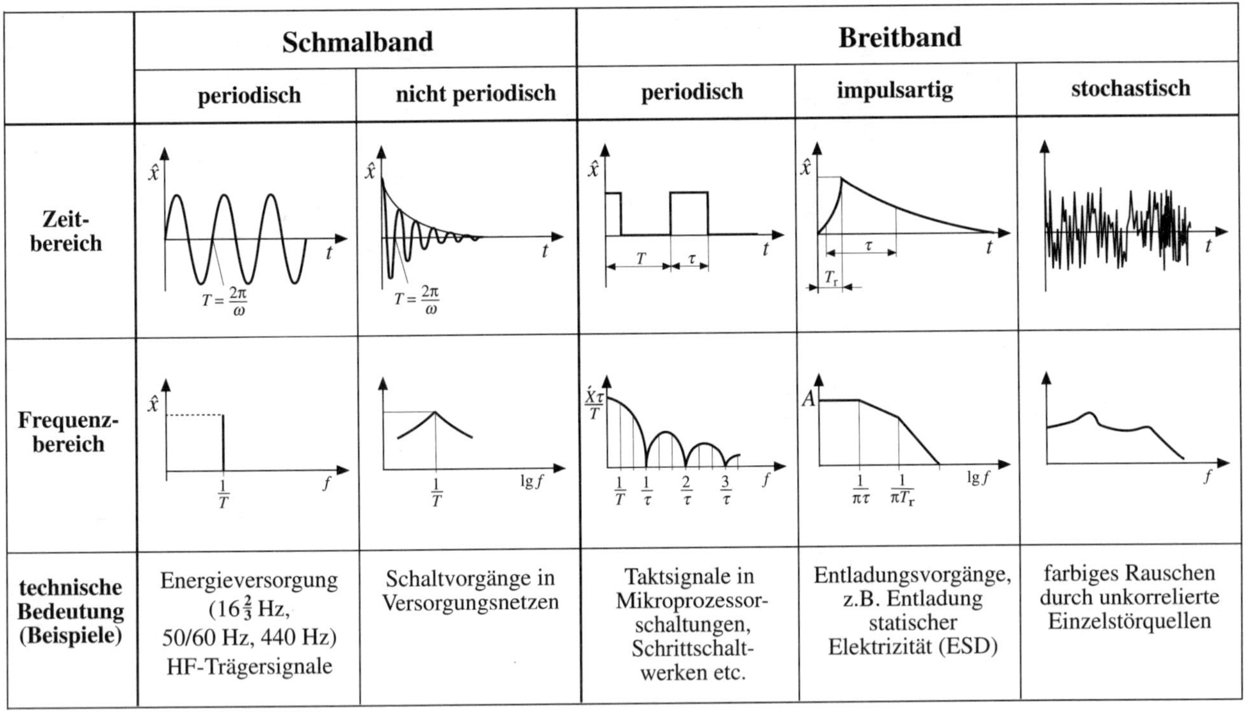

	Schmalband		Breitband		
	periodisch	nicht periodisch	periodisch	impulsartig	stochastisch
Zeit-bereich	(sinusförmiges Signal mit $T=\frac{2\pi}{\omega}$)	(gedämpfte Schwingung mit $T=\frac{2\pi}{\omega}$)	(Rechteckimpulsfolge mit $\hat{x}$, T, τ)	(Exponentialimpuls mit $\hat{x}$, τ, T_r)	(Rauschsignal)
Frequenz-bereich	($\hat{x}$ bei $\frac{1}{T}$)	(Spektrum um $\frac{1}{T}$)	($\frac{\hat{x}\tau}{T}$ bei $\frac{1}{T}$, $\frac{1}{\tau}$, $\frac{2}{\tau}$, $\frac{3}{\tau}$)	(A; $\frac{1}{\pi\tau}$, $\frac{1}{\pi T_r}$; lg f)	(farbiges Spektrum)
technische Bedeutung (Beispiele)	Energieversorgung ($16\frac{2}{3}$ Hz, 50/60 Hz, 440 Hz) HF-Trägersignale	Schaltvorgänge in Versorgungsnetzen	Taktsignale in Mikroprozessor-schaltungen, Schrittschalt-werken etc.	Entladungsvorgänge, z.B. Entladung statischer Elektrizität (ESD)	farbiges Rauschen durch unkorrelierte Einzelstörquellen

Bild 3 Einteilung von Störgrößen

trägeranhäufung an der Grenzschicht. Das somit entstehende Potential bleibt bis zum Fließen eines Entladestroms erhalten. Die Ausgleichsgeschwindigkeit hängt dabei von den Leitfähigkeiten der beteiligten Stoffe ab. Bei genügend hoher Potentialdifferenz zwischen einem aufgeladenen und einem in der Nähe befindlichen Körper kann eine Funkenentladung (electrostatic discharge = ESD) zwischen diesen stattfinden. Je nach Potentialdifferenz (von wenigen hundert Volt bis zu 30 kV) variiert der Entladestromverlauf von einer gedämpften Schwingung bis zum Einzelimpuls mit hoher Flankensteilheit (Bild 3).

3.2.2 Elektromagnetische Felder

Im Gegensatz zu der elektrostatischen Auflagung ist die Emission elektromagnetischer Felder in der Regel funktional bedingt, allerdings nicht immer erwünscht. Als Beispiele für die gezielte Erzeugung von Feldern können HF-Sender für die Nachrichtenübertragung oder Mikrowellengeräte zur Erwärmung von Speisen genannt werden. Demgegenüber stehen Geräte oder -teile, die durch ihren internen Aufbau elektromagnetische Wellen abstrahlen, wobei dies aber für die eigentliche Funktion keine Relevanz hat, wie z. B. bei getakteten Netzteilen.

3.2.3 Transiente Überspannungen durch Schaltvorgänge

Transiente Überspannungen auf den externen Anschlußleitungen von elektrischen Einrichtungen sind in der Regel die Folge von Schaltvorgängen. Dabei verhalten sich geschaltete Induktivitäten, wie z. B. Relais, Schütze, Zündspulen, Kommutierungsvorgänge in Stromrichtern, ferne Blitzeinschläge und Schalthandlungen in Energieversorgungsnetzen, als Störquellen. An dieser Stelle wird auf die Erzeugung von transienten Überspannungen beim Schalten von Induktivitäten näher eingegangen.
Beim Abschalten eines induktiven Verbrauchers (**Bild 4**), entsteht entsprechend der Gleichung $u = -L \cdot di/dt$ eine Spannung über dem Schaltelement. Bei mechanischen Kontaken führt dies zum Entstehen eines Lichtbogens zwischen den Kontakten. Dieser verlischt erst, wenn die Spannung über den Kontakten die momentane Mindestbrennspannung unterschreitet. Bei Wechselspannungen erfolgt dies spätestens beim Spannungsnulldurchgang mit darauffolgender Zündung bei Überschreitung der Durchschlagsfeldstärke. Ansonsten erlischt der Funke bei zunehmendem Kontaktabstand durch Erreichen der Durchschlagfestigkeit. Die Vergrößerung der Kontaktabstände während der Schaltzeit führt zu einer Herabsetzung der Wiederholrate der einzelnen Zündvorgänge bei gleichzeitiger Erhöhung der Amplituden. Störimpulse entstehen nach Abreißen des Schaltfunkens durch Kopplung auf benachbarte Kreise und bilden durch die wiederkehrende Rückzündung in zeitlicher Darstellung eine Gruppe, einen sogenannten »Burst«. Die Einzelimpulse eines Bursts werden aus Nadelimpulsen oder gedämpften Schwingungen gebildet. Diese haben ihre Ursache in Schwing-

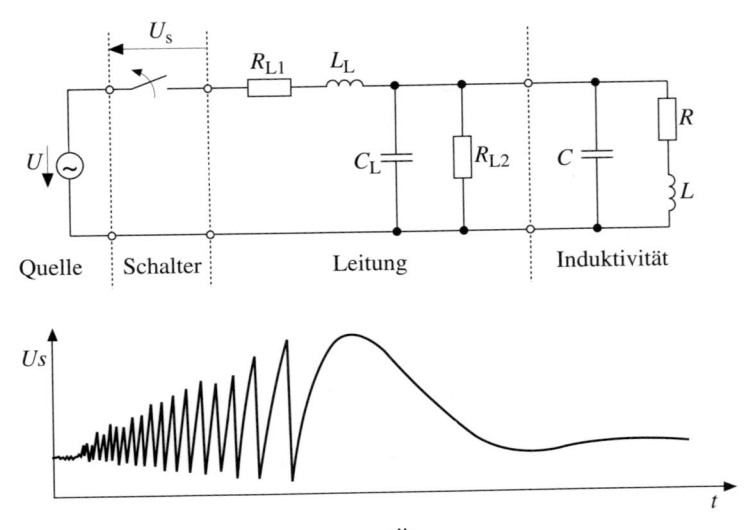

Bild 4 Entstehung von transienten Überspannungen

kreisen, die aus der Zuleitung (Ersatzschaltbild und Oszillogramm Bild 4) und der induktiven Last mit deren Eigenkapazität bestehen.

3.2.4 Oberschwingungen

Periodische, nichtsinusförmige Vorgänge (z. B. Spannungen) lassen sich mit Hilfe der Fourier-Analyse beschreiben. Die daraus entwickelte unendliche Reihe besteht aus dem Gleichanteil, der Grundschwingung mit der Frequenz $f_0 = \omega/(2\pi)$ und den Oberschwingungen mit den Frequenzen $f_n = n \cdot f_0$. Physikalisch entstehen die Oberschwingungen an elektrischen Komponenten mit nichtlinearer Spannungs-Strom-Kennlinie. So erzeugen u. a. Stromrichter, Transformatoren mit hoher Induktion (beginnende Sättigung), Gasentladungslampen Oberschwingungen in den Energieversorgungsnetzen. Zusätzlich werden durch Mischvorgänge bei Schaltvorgängen, z. B. in Thyristorstellern, Schwingungspaketsteuerungen oder Frequenzumrichtern, Summen- bzw. Differenzfrequenzen (Zwischenharmonische) aller im Netz vorhandenen Frequenzen gebildet. Mathematisch erklärt sich dies aus der Multiplikation der Schaltfunktion mit dem Signalverlauf des geschalteten Netzes und somit der Multiplikation aller Summenterme zweier Fourierreihen bei periodischen Signalen. Nach den Additionstheoremen bilden sich dabei die Summen- und Differenzfrequenzen aus.

4 Wirkungsweisen der elektromagnetischen Beeinflussung

Elektrische Einrichtungen, die elektromagnetischen Beeinflussungen ausgesetzt sind, können auf sehr unterschiedliche Weise reagieren. Daher ist eine Klassifizierung der Reaktionen, wie sie auch bei der Bewertung von normierten Prüfverfahren eingesetzt wird, sinnvoll. Diese Einteilung wird in der **Tabelle 1** erläutert.

Tabelle 1: Einteilung von Reaktionen elektrischer Einrichtungen auf elektromagnetische Beeinflussungen

1	Keine Einschränkung des Betriebs oder der Funktion
2	Zeitweilige Einschränkung des Betriebs oder der Funktion, Selbsterholen
3	Zeitweilige Einschränkung des Betriebs oder der Funktion, wobei zur Wiederherstellung des Betriebs ein Wiedereinschalten oder Eingreifen des Bedienungspersonals erforderlich ist
4	Bleibender Verlust der Funktion aufgrund Zerstörungen des Betriebsmittels (oder seiner Komponenten)

Einteilung am Beispiel DIN VDE 0843 Teil 4 (Entwurf)

Für das Verständnis des Störverhaltens einer Einrichtung ist eine weitergehende Modellbildung notwendig. Das Modell entsteht durch eine Abstraktion der Vorgänge innerhalb einer informationsverarbeitenden »Zelle«. In **Bild 5** werden die Auswirkungen der von außen auf die Zelle zugeführten Störungen, repräsentiert durch einen Vektor $S = (s_1,..,s_m)$, aufgezeigt. Es kann nun zwischen den Einwirkungen der Störungen auf die Eingangssignale (**Bild 5a**) oder der Einflußnahme auf die Verarbeitungsfunktion (**Bild 5b**) unterschieden werden. Im ersten Fall entsteht aus dem Nutzsignalvektor $X = (x_1,..,x_n)$ und dem Störsignalvektor S durch eine Kopplung K ein neues, verändertes Eingangssignal, der Vektor $X_s = (x_{s1},..,x_{sn})$. Das Ergebnis der Funktion $Y = f(X) = (y_1,..,y_0)$ wird über den verfälschten Eingangsvektor X_s gebildet. Inwieweit das Ergebnis durch die Störungseinkopplung auf das Eingangssignal verfälscht ist, hängt von der Funktion und deren Realisierung ab.

Im zweiten Fall wird nicht der Eingangsvektor X gestört, sondern die Funktion $Y = f(X)$ selbst wird abhängig von der Störung S und somit zu einer Funktion, die, neben dem bisherigen Ausgangsvektor, auch noch Nebeneffekte $N = (n_1,..,n_p)$ bildet. Die Zellfunktion wird jetzt beschrieben durch den Zusammenhang $Z = f(X,S)$ mit dem Gesamtergebnisvektor $Z = (y_1,..,y_0,n_1,..,n_p)$.

In der Realität können Kombinationen der beiden Fälle auftreten, die um so wahrscheinlicher werden, je mehr Zellen an der Gesamtfunktion einer Einrichtung beteiligt sind.

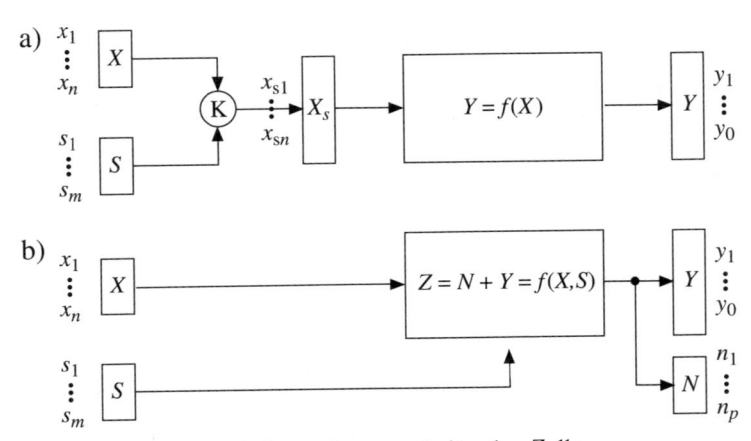

Bild 5 Modell einer informationsverarbeitenden Zelle
a) Störung durch Veränderung der Eingangsvektoren
b) Störung durch Funktionsveränderung

4.1 Reversible Funktionsstörungen

Veränderungen von Eingangssignalen stellen in der Praxis das Hauptproblem bei der Datenerfassung dar. Dies ist nicht nur auf die Prozeßschnittstelle eines Automatisierungsgeräts beschränkt, sondern gilt genauso für Empfangseinrichtungen von Kommunikationssystemen oder Teilnehmern an einem Mikroprozessorbussystem. Bei Betrachtung der Störbeeinflussung muß die Signalart und deren Auswertung berücksichtigt werden. Bei der Messung von Analogsignalen kann eine vorübergehende Abweichung des Meßwerts innerhalb vorgegebener Toleranzgrenzen akzeptiert werden. In diesem Fall liegt eine Funktionsminderung vor. Dies trifft auch beispielsweise für eine Reduzierung von effektiven Übertragungsraten bei kurzzeitigen Störeinwirkungen zu. Führt die elektromagnetische Beeinflussung bei der Weiterverarbeitung von Meßwerten in einem Regler zu einem falschen Stellbefehl oder zum Datenverlust auf der Übertragungsstrecke, ist dies in der Regel nicht mehr zulässig, und stellt eine Fehlfunktion dar. Diese endet, wie die Funktionsminderung, mit dem Abklingen der Störgröße. Der Übergang von der Beeinflussungsfreiheit über die Funktionsminderung zur Fehlfunktion ist im starken Maße von der Realisierung der Datenerfassung und der anschließenden Funktion abhängig. Hier setzen bei der Geräteentwicklung die Maßnahmen zur Sicherstellung der EMV an. Funktionsausfälle sind durch ein Andauern der Fehlfunktion über das Ende der Störbeeinflussung hinaus charakterisiert. Als Beispiel ist hier der »Absturz« eines Software-Programms in dem beeinflußten Gerät genannt, der aufgrund einer fehlerhaften Übertragung von

Prozessorbefehlen zustande kommt. Werden hier ebenfalls keine Maßnahmen ergriffen, verharrt der Prozessor in undefinierten Programmabläufen. Gegebenenfalls können bei einer Prozeßsteuerung kritische Zustände des Prozesses die Folge sein. Auch Zerstörungen von Teilen einer elektrischen Einrichtung als Folge einer elektromagnetischen Beeinflussung können zu Funktionsausfällen führen. Diese werden im folgenden Abschnitt erläutert.

4.2 Funktionsausfälle durch Zerstörungen

Die häufigste Ursache für die Zerstörung von Geräteteilen bzw. elektrischen Bauelementen ist eine Spannungsbeanspruchung, die oberhalb der Zerstörfestigkeitsgrenze liegt. Zu unterscheiden ist bei der Entstehung dieser Störspannungen zwischen der direkten Beanspruchung durch Stoßspannungen, z. B. bei der Entladung statischer Elektrizität oder durch lokale Potentialanhebungen in Form von Quer- oder Längsspannungen, und den Sekundäreffekten, die auf einer Funktionsstörung des Geräts beruhen und damit zur Zerstörung führen. Dies ist bei Störeinkopplung auf Stromversorgungsleitungen möglich, da die Regelung der Netzteile versagen kann und undefiniert hohe Sekundärspannungen im Gerät entstehen, die über die zulässigen Bauelementebetriebsspannungen hinausgehen.

Eine Spannungsüberbeanspruchung der elektrischen Einrichtungen oder ihrer Komponenten führt nicht immer zu einem sofortigen Funktionsausfall; hier können vorzeitige Alterungen, Parameteränderungen oder sporadische Ausfälle auftreten. Diese Fehler sind nur schwer eingrenzbar und können hohe Folgekosten nach sich ziehen. Gerade im Zusammenhang mit der Entladung statischer Elektrizität treten solche Fehler auf. Aus diesem Grunde ziehen sich die Maßnahmen gegen ESD-Zerstörungen von der Entwicklung über die Fertigung bis zum Einsatz des Geräts durch. Elektronische Bauteile und Baugruppen sind bei der Handhabung in Bereichen ohne Schutzmaßnahmen besonders gefährdet. Aus diesem Grunde werden typische Werte für die Gefährdungsspannungen durch den Menschen (**Tabelle 2**) den Zerstörfestigkeiten von Bauelementen (**Tabelle 3**) gegenübergestellt.

Tabelle 2: Elektrostatische Aufladung des Menschen

Tätigkeit	maximale Spannung
Sitzen am Arbeitsplatz	6 000 V
Klarsichthüllen für Unterlagen	7 000 V
Laufen über PVC-Fußboden	12 000 V
Laufen über Teppichboden	35 000 V

Tabelle 3: Zerstörfestigkeitsgrenzen bei Halbleitern

Halbleitertyp	maximale Spannung
VMOS	30 V – 1800 V
MOSFET	100 V – 200 V
GaAsFET	100 V – 300 V
EPROM	100 V – 500 V
JFET	140 V – 1600 V
OP-Amp	190 V – 2500 V
CMOS	250 V – 3000 V
Schottky Dioden	300 V – 2500 V
Bipolar Transistor	380 V – 7000 V
Schottky TTL	300 V – 2500 V
Thyristoren	680 V – 2500 V

5 Maßnahmen zur Sicherstellung der EMV

5.1 Barrierenmodell

Wird das Beeinflussungsmodell mit der Schnittstelle zwischen Umgebung und elektrischer Einrichtung und der nachgeschalteten Verarbeitung erweitert, so erhält man das »Barrierenmodell« (**Bild 6**).
Hier wird deutlich, daß Maßnahmen zur Sicherstellung der EMV an drei Stellen ansetzen müssen. Die erste Barriere reduziert die Störemission durch Maßnahmen an den Störquellen und den Kopplungspfaden. An der Schnittstelle verhindert die zweite Barriere die Einkopplung der Störgrößen in die Einrichtung. Logische Maßnahmen in der Verarbeitung erkennen und unterdrücken weitere Störbeeinflussungen und bilden die dritte Barriere. Eine nicht unterdrückte Störung hinter der letzten Barriere wirkt somit als Funktionsstörung. Für die Auslegung des Systems ist die Frage nach der Akzeptanz dieser Störungen zu stellen; von der Beantwortung hängen letztlich die Aufwendungen und die Produkteigenschaften ab.

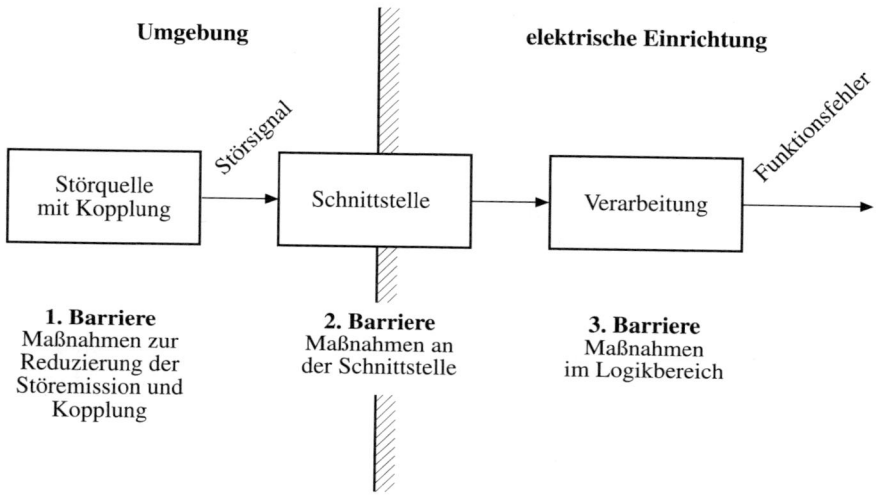

Bild 6 Barrierenmodell

5.2 Maßnahmen gegen Fremdbeeinflussungen

Die Störfestigkeit einer elektrischen Einrichtung gegen äußere Beeinflussungen ist die Folge vieler Einzelmaßnahmen. Aus der gezielten EMV-Analyse des Systems und seiner Umgebungsbedingungen lassen sich Maßnahmen an den Störquellen und den Koppelpfaden ableiten und EMV-Kriterien für Verfahren (Algorithmen) und Technologien innerhalb des Systems festlegen. Diese bilden neben vielen anderen Randbedingungen den Anforderungskatalog an das zu entwickelnde System.

5.2.1 Maßnahmen an den Störquellen und Koppelpfaden

Zur Erreichung eines niedrigen Störniveaus sollten die EMV-Maßnahmen zunächst an den Störquellen und den Kopplungspfaden ansetzen. Dies ist allerdings nur dort sinnvoll möglich, wo direkter Zugriff auf diese Elemente besteht und deren Zahl begrenzt ist. In der Automatisierungstechnik ist ein solches Vorgehen einfacher möglich als bei einem Haushaltsgerät für den privaten Bereich.

5.2.1.1 Erdung, Masse
Das Erdungssystem dient zunächst nur dem Schutz von Personen, Tieren und Sachwerten und sollte, im Gegensatz zur Masse, betriebsmäßig keinen Strom führen. Die Masse bildet den Bezugsleiter für die angeschlossenen elektrischen Einrichtungen und führt die rückfließenden Betriebsströme. Im Fehlerfall kann

ein Teil des Stroms über das Erdungssystem abfließen. An den vorhandenen Impedanzen im Strompfad entstehen Spannungsfälle, die sich als Längsspannungen an elektrischen Einrichtungen bemerkbar machen. Neben den Fehlerströmen führen Ableitströme von Filtern oder hochfrequente Störströme zu einer Potentialverschiebung im Erdungssystem. Die hochfrequenten Störströme können nur durch den gezielten Einsatz von niederimpedanten Erdungsanlagen bei allen Frequenzen beherrscht werden.

Das Massepotential ist zunächst funktionell von der Erdung unabhängig, kann aber auch mit dieser verbunden sein. Um Ausgleichströme durch Potentialunterschiede zu vermeiden, sollte die galvanische Verbindung nur an einer Stelle erfolgen. Die Ableitung höherfrequenter Signale kann durch spannungsfeste Kondensatoren zwischen Masse und Erde erfolgen.

Masseleiter werden in der Regel von betriebsmäßigen Rückströmen mehrerer elektrischer System- bzw. Geräteteile durchflossen. Somit kommt es zu Spannungsfällen an den im Leitungsweg befindlichen gemeinsamen Impedanzen und damit zur galvanischen Kopplung dieser Stromkreise. Immer höhere Verarbeitungsgeschwindigkeiten erfordern in den elektrischen Einrichtungen bereits die betriebsmäßige Beherrschung der hochfrequenten internen Störvorgänge. Für das Design des Bezugsleitersystems eines Geräts gelten für die innere und äußere EMV gleiche Grundsätze. Der niederimpedante Aufbau mit möglichst kurzen Masseverbindungen und die Zusammenfassung von Funktionseinheiten mit gleichem Leistungsniveau mit sternförmiger Verbindung zu einem zentralen Massepunkt ist unbedingt anzustreben. Für diesen sternförmigen Aufbau gilt als Grenze für die zulässige Leitungslänge $l_{Masse} < \lambda/4$. Ist diese Bedingung nicht erfüllbar, muß auf die verteilte Masse übergegangen werden, wie dies z. B. bei hochwertigen Multilayer-Leiterplatten in Form von Masseflächen angewendet wird.

5.2.1.2 Geschaltete induktive Stromkreise

Schaltvorgänge an induktiven Lastkreisen gehören zu den intensivsten Störquellen, obwohl deren Störgrößen meist durch einen geringen Aufwand stark gedämpft werden können. Die Störspannung entsteht gemäß Abschnitt 3.2.3 durch die erzwungene Stromunterbrechung. Mit einer Zusatzbeschaltung parallel zur induktiven Last können die induzierten Spannungen kurzgeschlossen werden (**Bild 7**). Varistoren oder *RC*-Glieder begrenzen die Spannungen sowohl in Gleich- als auch in Wechselstromkreisen. Dioden sind nur in Gleichstromkreisen einsetzbar. Viele Hersteller induktiver Komponenten bieten in ihrem Programm entsprechende Entstörmittel an, die sowohl mechanisch als auch elektrisch auf diese Produkte abgestimmt sind.

5.2.1.3 Überspannungsschutz

Überspannungsbegrenzende Elemente werden entsprechend dem Gefährdungspotential eingesetzt. Man unterscheidet Grob- und Feinschutzelemente. Je größer die abführbaren Stoßströme sind, desto träger reagieren die zugehörigen Komponenten. Daher werden diese Komponenten gestaffelt eingesetzt, von

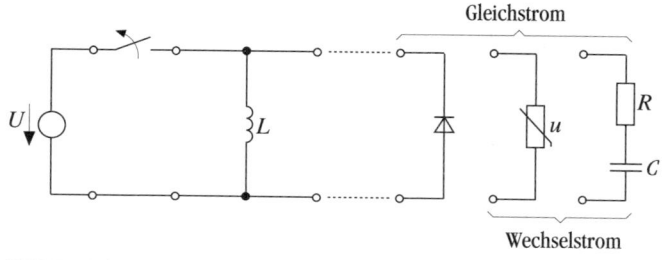

Bild 7 Beschaltungsmaßnahmen für Spulen

Grobschutzelementen, wie Funkenstrecken, über Varistoren zu Feinschutzbauteilen (Zener- oder Suppressordioden). Die Kombination der erwähnten Bauteile, gegebenenfalls mit zusätzlichen Koppelimpedanzen oder LC-Filtern, ermöglichen eine genaue Anpassung des Schutzes an die zu erwartende Überspannung in bezug auf Anstiegsgeschwindigkeit, Amplitude und Energieinhalt.

5.2.1.4 Schutz gegen elektrostatische Aufladungen

Die Vermeidung elektrostatischer Aufladungen stellt die sinnvollste Maßnahme zur Sicherstellung der EMV gegenüber Entladungen dar. Die Schutzmaßnahmen in der Umgebung beginnen mit leitfähigen Bodenbelägen mit Anbindung an das Erdungssystem, einer ausreichenden relativen Luftfeuchtigkeit (> 40 %) in den Räumen, organisatorischen Maßnahmen (Bekleidung, Schuhwerk) und konstruktiven Vorkehrungen an der elektrischen Einrichtung. Hierzu gehören leitfähige Oberflächen (Metall oder beschichtete Kunststoffe) mit Anbindung an die Erdungsanlage, Verringerung von Öffnungsquerschnitten in Gehäusen, Überspannungsschutzelemente an von außen zugänglichen elektrischen Stromkreisen.

5.2.1.5 Hinweise zur Verbindungstechnik

Der Informationsaustausch zwischen elektrischen Einrichtungen oder Systemen erfolgt meist über elektrische Leitungen oder Lichtwellenleiter (LWL). Die Funkübertragung wird an dieser Stelle nicht betrachtet.
Der Einsatz der LWL-Technik hilft EMV-Probleme, wie Störeinkopplung, unerwünschte Abstrahlung und Potentialunterschiede zwischen Sender und Empfänger, zu lösen, ist aber nur für serielle Verbindungen zwischen Geräten sinnvoll. Für die Ankopplung von Prozeßsignalen werden, auch in einer störbehafteten Umgebung, elektrische Leitungen verwendet. Diese sollten als geschirmte Kabel mit einer beidseitigen Erdung des Kabelschirms ausgeführt sein. Voraussetzung für die beidseitige Erdung ist, daß der stromtragfähige Schirm nicht zu einem Betriebsstromkreis gehört. Die Verbindungsstellen des Schirms zur Erdungsanlage dürfen nicht in Form von »Schweineschwänzchen (engl. pigtail)« ausgeführt sein, sondern benötigen eine koaxiale Verbindung mit der Erdungsanlage über

spezielle Verbindungselemente. Nur so läßt sich ein niederimpedanter Übergang auch für höhere Frequenzen realisieren.
Die Leitungsführung kann entscheidend die Qualität der Signalübertragung beeinflussen. So sollten Stromkreise unterschiedlicher Energieniveaus getrennt verlegt werden, störbehaftete und störempfindliche Signalleitungen sich nur orthogonal kreuzen.

5.2.2 Maßnahmen an den Prozeßschnittstellen

Verfälschungen von Eingangsinformationen können gemäß Abschnitt 4 zu einer Funktionsstörung führen. Aus diesem Grunde wird der Datenerfassung und -ausgabe an den Informationsschnittstellen besondere Bedeutung beigemessen. Nicht immer ist die Gesamtheit aller Verfahren zur Reduzierung von Störeinflüssen notwendig. Diese Maßnahmen bedingen aber immer einen durchdachten konstruktiven Aufbau, von der Anschlußklemme über die Leitungsführung bis zum Gehäuseaufbau.

5.2.2.1 Filterung
Analoge oder binäre Eingangssignale werden in der Regel im Eingangskreis gefiltert. Diese Filter haben die Aufgabe, die Bandbreite zu begrenzen. Bei digitaler Verarbeitung von Analogsignalen ist dies erforderlich, da durch Unterabtastung ($f_{in} > f_{abtast}/2$) Mischprodukte entstehen (Aliasing-Effekt), die das Meßergebnis verfälschen. Die Begrenzung der Bandbreite binärer Signale verhindert die Erfassung schneller Impulse. Durch Filterung bedingte Verzögerungen dienen gleichzeitig einer Vorentprellung der Eingangsgrößen. Dies ist beispielsweise notwendig, wenn der Eingang als Takt für ein Schrittschaltwerk dient. Die Filterung kann mittels Hard- und/oder Software realisiert sein. Durch höhere Rechenleistungen lassen sich digitale Filter, Entprellfunktionen etc. auch per Software realisieren.
Neben der Übertragungsfunktion ist die Eingangsimpedanz für die Störfestigkeit von entscheidender Bedeutung.
Durch aktive Schaltungselemente im Eingangskreis besteht bei binären Signalen die Möglichkeit, die Eingangsimpedanz von der Eingangsspannung abhängig zu gestalten. Niedrige Eingangsimpedanzen dämpfen kapazitiv eingekoppelte Störungen aufgrund des Spannungsteilerverhältnisses von Eingangsimpedanz Z_e und Koppelimpedanz Z_k ($U_e = Z_e/(Z_e + Z_k) \cdot U_{st}$). Übersteigt die Eingangsspannung die Schaltschwelle, wird die Impedanz auf einen Wert erhöht, der noch eine sichere Kontaktgabe der Geber erlaubt und die Verlustleistung begrenzt. Dieses Verhalten ist als Beispielkennlinie dem **Bild 8** zu entnehmen.

5.2.2.2 Potentialtrennung
Die Potentialtrennung zwischen den Ein- und Ausgangskreisen und der Elektronik verhindert galvanische Beeinflussungen und ermöglicht im Rahmen der Isolationsfestigkeit unterschiedliche Potentiale, auch zwischen externen Kreisen. Durch eine Minimierung der Koppelkapazitäten können kapazitive Beeinflus-

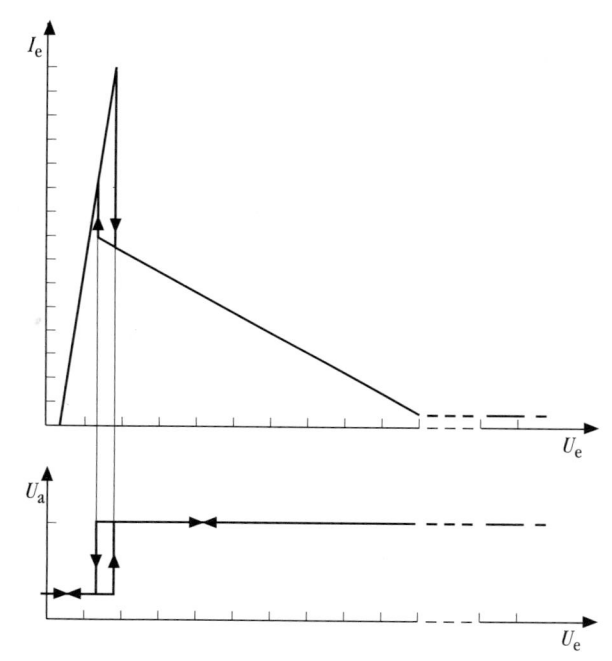

Bild 8 Kennlinien eines binären Systems

sungen reduziert werden. Dazu sind die Trennelemente (Optokoppler, Übertrager, Relais) nicht nur auf die Isolationseigenschaften zu prüfen, sondern auch auf ihre Koppelkapazitäten. So besteht bei Übertragern durch das Einbringen von ein oder mehreren Schirmwicklungen die Möglichkeit, die kapazitive Kopplung stark zu verringern.

5.2.2.3 Signalregenerierung

Die Filterung als ein wichtiger Teil der Signalregenerierung wurde bereits erwähnt. Bei digitalen Signalen lassen sich mit der Wahl von Schwellenwerten und Hysteresefunktionen auf einfache Weise definierte Störabstände erzielen. Die Algorithmen der analogen Signalverarbeitungsfunktionen müssen die Störsignale möglichst stark bedämpfen. Als Beispiel dient die Effektivwertbildung einer sinusförmigen Eingangsgröße. Hierfür existieren zwei unterschiedliche Verfahren. Zum einen kann der Effektivwert durch Ermittlung des Scheitelwerts unter Einbeziehung des Formfaktors bestimmt werden, zum anderen ist eine echte Berechnung entsprechend der Gleichung für den zeitlichen quadratischen Mittelwert einsetzbar. Impulsartige Verfälschungen des Scheitelwerts führen im ersten Verfahren sofort zu einer fehlerhaften Berechnung, der zweite Algorithmus wichtet die Störung und mittelt sie bei genügend hoher zeitlicher Auflösung aus. Verzerrungen der Kurvenform durch Oberwellen unterhalb der Meßbandbreite werden bei dem zweiten Verfahren korrekt gemessen.

5.2.3 Maßnahmen im Logikbereich

Die zunehmende Komplexität elektrischer Einrichtungen führt zu der Notwendigkeit einer Überprüfung der auszuführenden Funktionen auch während des Betriebs. Diese Kontrolle erfolgt auf verschiedenen Ebenen und berücksichtigt die Möglichkeiten von Hard- und Software.

5.2.3.1 Selbstüberwachung

Interne Überwachungen von Geräten setzen in der Regel auf einem Test der elektronischen Schaltungen auf. Das Ziel ist die Erkennung von Komponentendefekten oder Parameteränderungen, deren Ursache auch elektromagnetische Belastungen sein können. Die Reaktionen auf solche Fehler sind von der jeweiligen Einrichtung abhängig.

Im Bereich der Software ist der korrekte Ablauf des Programmsystems sicherzustellen. Im einfachsten Fall bedient man sich einer »Watchdog«-Schaltung (engl. für »Wachhund«), die aus einem retriggerbaren Monoflop (Hardware) besteht und von der Software über einen Ausgabekanal an definierten Programmpunkten nachgetriggert wird. Bei Fehlern im Programmablauf (siehe Abschnitt 4.1) unterbleibt die Watchdog-Ansteuerung, und nach Ablauf der Zeitstufe wird durch die Hardware ein Rücksetzbefehl (Reset) an den Prozessor ausgegeben; das Gerät läuft neu an.

Auch Software-Eigenüberwachungen helfen, Fehlfunktionen zu verhindern bzw. in den Auswirkungen zu beschränken. Dazu gehören Prüfungen der Datenkonsistenz, der in- und externen Kommunikationsschnittstellen und ein angepaßtes Konzept zur Fehlerbehandlung. Im Bereich der Datenübertragung durch serielle Verbindungen spielt das Thema Datensicherheit eine große Rolle. Bei der Auswahl des Übertragungssystems werden die physikalischen Eigenschaften des Bussystems, wie elektrische (symmetrisch/asymmetrisch) oder optische Übertragung, Pegel, Störabstand, Bussteuerung, Übertragungsraten etc., bewertet. Hinzu kommen Kriterien innerhalb des Protokolls, die den Verbindungsaufbau und die Sicherung des Telegrammverkehrs beinhalten. Da in den letzten Jahren zunehmend standardisierte Übertragungssysteme mit bekannten Eigenschaften, auch hinsichtlich der Störfestigkeit, eingesetzt werden, wird im Rahmen dieses Beitrags nicht weiter darauf eingegangen.

5.2.3.2 Nutzung von Systemkenntnissen

Mit der Analyse der technologischen Zusammenhänge und Abläufe inner- und außerhalb der Einrichtung besteht die Möglichkeit von Plausibilitätsbetrachtungen der systeminternen Zustände. So ist beispielsweise bei einer der Schalterstellungsmeldung eines Hochspannungsschaltgeräts, bestehend aus den zweipoligen Meldungen Aus und Ein, die Feststellung der drei betriebsmäßigen Zustände (Ein, Aus und Störstellung während der Schalterlaufzeit) möglich. Die Kombination von Ein und Aus ist technologisch unsinnig und damit fehlerhaft.

Diese Kenntnisse helfen auch bei der Auswahl von Algorithmen zur Verarbeitung, wie bereits unter Abschnitt 5.2.2.3 erläutert.

5.2.3.3 Redundanz

Um die Verfügbarkeit elektronischer Systeme zu erhöhen, können Redundanzstrategien eingebracht werden. Dies bedeutet nicht in jedem Fall eine Vervielfachung der Hardware; häufig sind auch Software-Funktionen mit verschiedenen Algorithmen realisierbar. Die eingebrachten Sonderfunktionen ermöglichen eine effektive Fehlererkennung und die Einleitung von Gegenmaßnahmen oder Notlaufeigenschaften. Für die Sicherstellung der elektromagnetischen Verträglichkeit bedeutet dies zusätzliche Kontrollmöglichkeiten interner Abläufe.

5.3 Maßnahmen gegen Störemissionen

Neben den bereits erläuterten Maßnahmen gegen Störemissionen bestehen noch die Problembereiche der Netzrückwirkungen und der Funk-Entstörung.

Die verzerrten Eingangsströme von Schaltnetzteilen, Stromrichtern oder Vorschaltgeräten können eine Vielzahl weiterer angeschlossener Verbraucher stören. Aus diesem Grunde müssen an den Störquellen Gegenmaßnahmen getroffen werden. Diese können aus Wahl der Pulszahl (mit gezielter Auslöschung von Oberwellen), Kompensation mit Saugkreisen oder Einschaltstrombegrenzungen bestehen.

Bei Funkstörungen wird mit Entstörfiltern, Abschirmungen von Oszillatoren und anderen konstruktiven Maßnahmen, wie gezielte Leiterbahnführungen etc., gearbeitet. Diese konventionellen Techniken sind lange bekannt und werden auch angewendet.

Hinzu kommen in letzter Zeit die zunehmenden Rechengeschwindigkeiten von Mikroprozessoren mit Taktraten bis 50 MHz. Die Sicherstellung ihrer Funktion benötigt bereits beim Entwurf der Systeme umfangreiche Kenntnisse auf dem Gebiet der Hochfrequenztechnik. Dies führt zu einer ganzheitlichen Betrachtung der Einrichtung hinsichtlich Störemissionen in das eigene System und nach außen sowie der Einbeziehung externer Störeinflüsse. Es zeigt sich dabei in vielen Fällen, daß diese Forderungen nicht gegenläufig sind, sondern ihre Lösung auf dem Einsatz gleichartiger Technologien beruht. Als Beispiele gelten die Verwendung von Multilayer-Leiterplatten mit den Vorteilen der Entkopplung von Kreisen, eines niederimpedanten Massepotentials, Schirmmöglichkeiten für störanfällige oder störbehaftete Leitungen und der Minimierung von Leitungslängen. Auch die Miniaturisierung von Bauteilen durch die oberflächenmontierbaren Bauteile (SMD) verringert die Abstrahlflächen erheblich. Eine zunehmende Integration von Bauelementen und Funktionen in ein Gehäuse bietet neben höheren Verarbeitungsgeschwindigkeiten durch kürzere Laufzeiten und einer niedrigeren Stromaufnahme den Vorteil des geringeren Verdrahtungsaufwands und damit eine Reduzierung der Abstrahlungsgefahr. Letztlich kommt auch bei schnellen Systemen die Bandbreitenbegrenzung durch die Bauelementeauswahl zum Einsatz, denn auch dies verhindert zusätzliche Spektralanteile, besonders im UKW-Bereich.

6 Prüfung der EMV

Entwicklungs- bzw. projektbegleitend sind die Nachweise der elektromagnetischen Verträglichkeit zu erbringen, basierend auf den in Pflichten-/Lastenheften vorgegebenen Prüfvorschriften. Diese leiten sich aus den allgemein gültigen Normen (Generic Standards) ab, die ab 1.1.1992 für fast alle elektrotechnischen Erzeugnisse in der EG verbindlich sind. Hinzu kommen Einzelrichtlinien für Produktfamilien (Product Standards), sofern sie schon definiert sind. Auch sie werden rechtsverbindlich durch die von der EG-Kommission verabschiedete **»Richtlinie des Rates vom 3. Mai 1989 zur Angleichung der Rechtsvorschriften der Mitgliedstaaten über die EMV (89/336/EWG)«** und deren Umsetzung in nationales Recht. Die Einzelrichtlinien gehen auf Produktspezifika ein und definieren Meß- und Prüfaufbauten, Prüfschärfen usw., während die Generic Standards Minimalanforderungen für die Störfestigkeit und Störaussendung, in Verbindung mit speziellen Umgebungsbereichen, festlegen. Darüber hinaus können spezielle Prüfverfahren bzw. Normen (z. B. VG-Normen) in Absprache mit dem Kunden zur Anwendung kommen.

Für die Durchführung der Typprüfungen sind weitere Randbedingungen zu klären, die über die Normen hinausgehen bzw. dort nicht definiert wurden. Dabei handelt es sich um Festlegungen von Gerätekonfigurationen, Funktionen, einzuhaltenden Spezifikationen, Akzeptanzkriterien und speziell vereinbarte Abweichungen von der Vorschrift (Kopplung, Impedanzen, Prüfschärfegrade). In der folgenden **Tabelle 4** sind wichtige Normen, u. a. für elektronische Systeme, zu den Themen Störfestigkeitsprüfung, Funk-Entstörung und Netzrückwirkungen aufgeführt.

Tabelle 4: Übersicht über Normen zu den Themen Störfestigkeitsprüfung, Funk-Entstörung, Netzrückwirkungen
a) Störfestigkeitsprüfungen

DIN VDE 0160	Ausrüstung von Starkstromanlagen mit elektronischen Betriebsmitteln
DIN VDE 0839 Teil 10 (E)	Beurteilung der Störfestigkeit gegen leitungsgeführte und gestrahlte Störgrößen
DIN VDE 0843 Teil 1 Teil 2 Teil 3 Teil 4 (E)	Elektromagnetische Verträglichkeit von Meß-, Steuer- und Regeleinrichtungen in der industriellen Prozeßtechnik Allgemeine Einführung (IEC 801-1) Störfestigkeit gegen die Entladung statischer Elektrizität (09/87) (IEC 801-2) Derzeit im Entwurf (DIN VDE 0843 T2 01/91 bzw. IEC 65(sec)136-1989) Störfestigkeit gegen elektromagnetische Felder (IEC 801-3) Störfestigkeit gegen schnelle transiente Störgrößen (Burst) (IEC 65(CO)39)
VG 95 370	Elektromagnetische Verträglichkeit von und in Systemen
VG 95 373	Elektromagnetische Verträglichkeit von Geräten

b) Funk-Entstörung

DIN VDE 0871 Teil 1 (E)	Funk-Entstörung von Hochfrequenzgeräten für industrielle, wissenschaftliche, medizinische und ähnliche Zwecke; ISM-Geräte
DIN VDE 0875 Teil 1-3	Funk-Entstörung von elektrischen Betriebsmitteln und Anlagen
VG 95 370	Elektromagnetische Verträglichkeit von und in Systemen
VG 95 373	Elektromagnetische Verträglichkeit von Geräten
DIN VDE 0838 Teil 1 Teil 2 Teil 3	Rückwirkungen in Stromversorgungsnetzen, die durch Haushaltsgeräte und durch ähnliche elektrische Einrichtungen verursacht werden (EN 60 555) Begriffe Oberschwingungen Spannungsschwankungen
DIN VDE 0839 Teil 1	Elektromagnetische Verträglichkeit Verträglichkeitspegel der Spannung in Wechselstromnetzen mit Nennspannungen bis 1000 V

7 Zusammenfassung

Die Elektromagnetische Verträglichkeit elektrischer Einrichtungen ist kein Modethema, sondern vielmehr notwendige Voraussetzung für die Funktion von Geräten und Systemen in ihrem Umfeld. Um dies sicherzustellen, werden nach einer EMV-Analyse im Vorfeld der Entwicklung Maßnahmen an den Einrichtungen getroffen. Bei elektronischen Systemen, besonders in Verbindung mit der Mikroprozessortechnik, reichen diese Vorkehrungen vom Hardware-Design bis zur Software-Konzeption. Diese sollten durch Reduzierung von Störemissionen an den Störquellen und Verringerung der Kopplungen unterstützt werden. Durch Maßnahmen in beide Richtungen erhält man den größtmöglichen Störabstand und somit eine höhere Zuverlässigkeit. Der Nachweis der Störsicherheit erfolgt durch Typprüfungen, deren Grundlage Normen sind, die in Zukunft auch für den größten Teil der Einrichtungen verbindlich werden. Dabei sind diese Normen nicht statisch, sondern orientieren sich an technischen Fortschritten auf dem Gebiet der Produktfamilien sowie der Meß- und Prüfgeräte.

Literatur

[1] Schwab, A.: Elektromagnetische Verträglichkeit. Berlin: Springer-Verlag, 1991
[2] VEM-Kollektiv: Handbuch Elektromagnetische Verträglichkeit. Berlin u. Offenbach: vde-verlag, 1991
[3] Stoll, D.: EMC – Elektromagnetische Verträglichkeit. Berlin: Elitera, 1976
[4] Habiger, E.: EMV, Störbeeinflussung in Automatisierungsgeräten und -anlagen. Berlin: VEB Verlag Technik, 1984
[5] Peier, D.: Elektromagnetische Verträglichkeit. Heidelberg: Hüthig-Verlag, 1990
[6] Schmeer, R.: Elektromagnetische Verträglichkeit, EMV '90. Berlin u. Offenbach: vde-verlag, 1990
[7] GME-Fachbericht 9. EMV-Störfestigkeit leittechnischer Einrichtungen. Berlin u. Offenbach: vde-verlag, 1990
[8] DIN-VDE-Taschenbuch 515. Elektromagnetische Verträglichkeit 1 – DIN-VDE-Normen, Berlin: Beuth Verlag, Berlin u. Offenbach: vde-verlag, 1989
[9] DIN-VDE-Taschenbuch 516. Elektromagnetische Verträglichkeit 2 – VG-Normen. Berlin: Beuth Verlag, Berlin u. Offenbach: vde-verlag, 1989
[10] DIN-VDE-Taschenbuch 517. Elektromagnetische Verträglichkeit 3 – Harmonisierungsdokumente und VG-Normen in englischer Sprache. Berlin: Beuth Verlag, Berlin u. Offenbach: vde-verlag, 1989
[11] DIN-VDE-Taschenbuch 505. Funk-Entstörung. Berlin: Beuth Verlag, Berlin u. Offenbach: vde-verlag, 1989

BAVARIA ELEKTRONIK
RFI - EMI - EMP Abschirmtechnik

Bavaria Elektronik bietet Ihnen das lückenlose Programm zur HF-Abschirmung:

z.B. Mesh-Gewebestreifen

Elektrisch leitende Kleber + Lacke

CuBe-Kontaktstreifen

Geschirmte Fenster

Spezifische Dichtungen

Tegernseestraße 7
W-8200 Rosenheim FRG
Telefon + 0 80 31/1 20 89
Telex   525 312 bav d
Telefax + 0 80 31/1 67 29

RFI - EMI - EMP ABSCHIRMMATERIAL

Gesetzliche Grundlagen zur Sicherstellung der Elektromagnetischen Verträglichkeit in der Bundesrepublik Deutschland und in der Europäischen Gemeinschaft

Dipl.-Ing. *Diethard Möhr*, Siemens AG, Erlangen

An dieser Stelle sei vorab vermerkt, daß der folgende Abschnitt des Buchs vom Stand der Gesetzgebung zum Herausgabedatum ausgeht und daß im folgenden auch Hinweise auf die wahrscheinliche weitere Entwicklung der gesetzlichen Bestimmungen gegeben werden, ohne daß der Autor diese verständlicherweise exakt voraussagen kann.
Der Begriff der EMV umfaßt immer sowohl die Störaussendung als auch die Störfestigkeit (**Bild 1**).

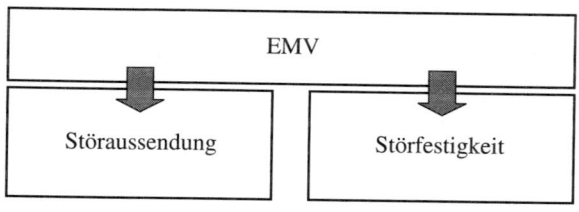

Bild 1 EMV-Störaussendung; Störfestigkeit

1 Störaussendungen und deren gesetzliche Grundlage in Deutschland

Als Synonym für den Begriff der Störaussendung wurde im deutschen Sprachgebrauch auch der Begriff Funk-Entstörung benutzt. Dabei geht die Funk-Entstörung in Deutschland auf das Hochfrequenzgerätegesetz aus dem Jahr 1927 zurück. Dieses Gesetz wurde 1949 als eines der ersten Gesetze der neu entstandenen Bundesrepublik neu gefaßt und stellt bis heute die Grundlage zur Funk-Entstörung elektrischer und elektronischer Einrichtungen dar. Dabei wird das Gesetz durch die sogenannten Verfügungen (Vfg.) des Bundesministers für das Post- und Fernmeldewesen, die im Amtsblatt veröffentlicht sind, mit den notwendigen Ausführungsvorschriften versehen (**Bild 2**).
Die Verfügungen der Deutschen Bundespost (heute Deutsche Bundespost Telecom) beinhalten die genauen Grenzwerte bzw. die entsprechenden VDE-Bestimmungen, nach deren Grenzwerten die Funk-Entstörung durchzuführen ist (**Bild 3**).

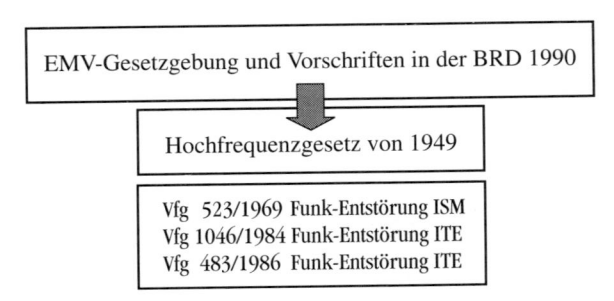

```
┌─────────────────────────────────────────────────┐
│ EMV-Gesetzgebung und Vorschriften in der BRD 1990│
└─────────────────────────────────────────────────┘
                         ▼
          ┌──────────────────────────────┐
          │ Hochfrequenzgesetz von 1949  │
          └──────────────────────────────┘
          ┌──────────────────────────────┐
          │ Vfg  523/1969 Funk-Entstörung ISM │
          │ Vfg 1046/1984 Funk-Entstörung ITE │
          │ Vfg  483/1986 Funk-Entstörung ITE │
          └──────────────────────────────┘
```

Bild 2 Verschiedene Vfg.

DIN VDE 0871	Industrielle, wissenschaftliche und medizinische Geräte
DIN VDE 0872	Rundfunk- und Fernsehgeräte
DIN VDE 0875	Haushaltsgeräte
DIN VDE 0876	Vorschrift für Geräte zur Messung von Störaussendungen
DIN VDE 0877	Meßvorschriften zur Störaussendung
DIN VDE 0878	Informationstechnische Einrichtungen und Telekommunikationsgeräte und Systeme
DIN VDE 0879	Kraftfahrzeuge

Bild 3 DIN-VDE-Bestimmungen zur Funk-Entstörung

Bei der Störaussendung unterscheidet man die in **Bild 4** dargestellten Phänomene, die getrennt zu untersuchen sind.

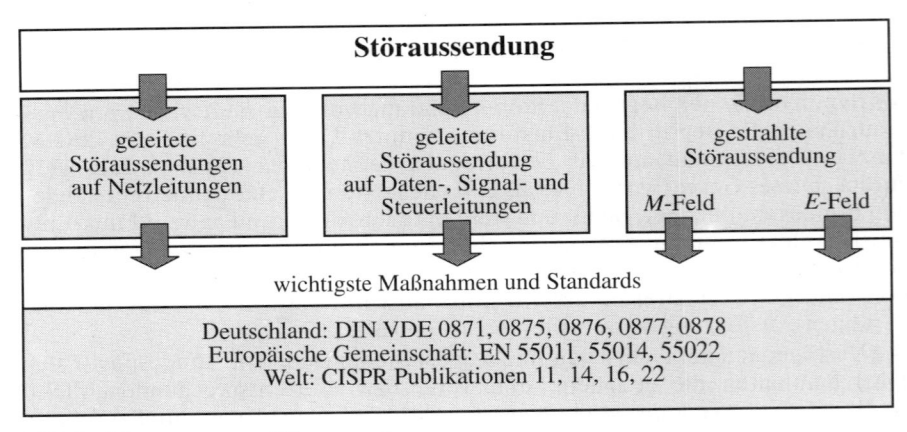

```
┌─────────────────────────────────────────────────────────┐
│                      Störaussendung                      │
└─────────────────────────────────────────────────────────┘
        ▼                    ▼                    ▼
┌───────────────┐   ┌──────────────────┐   ┌───────────────┐
│   geleitete   │   │    geleitete     │   │   gestrahlte  │
│ Störaussendungen│ │  Störaussendung  │   │ Störaussendung│
│ auf Netzleitungen│ │ auf Daten-, Signal- und│            │
│               │   │   Steuerleitungen │   │ M-Feld  E-Feld│
└───────────────┘   └──────────────────┘   └───────────────┘
        ▼                    ▼                    ▼
┌─────────────────────────────────────────────────────────┐
│             wichtigste Maßnahmen und Standards           │
│   Deutschland: DIN VDE 0871, 0875, 0876, 0877, 0878     │
│   Europäische Gemeinschaft: EN 55011, 55014, 55022      │
│   Welt: CISPR Publikationen 11, 14, 16, 22              │
└─────────────────────────────────────────────────────────┘
```

Bild 4 Messungen zur Störaussendung

Die in Bild 4 dargestellten Messungen sind nach dem Hochfrequenzgerätegesetz in der Bundesrepublik Deutschland für alle in Frage kommenden elektrischen und elektronischen Geräte durchzuführen.
Werden die entsprechenden Grenzwerte nach VDE bzw. Vfg. eingehalten, so kann das entsprechende Gerät oder System mit dem Funkschutzzeichen des VDE gekennzeichnet werden.
Dabei können die untersuchten Geräte oder Systeme seitens des Herstellers vorab in bestimmte Gruppen eingeteilt werden.
Diese Gruppeneinteilung ist abhängig vom Einsatzort der Geräte. Handelt es sich zum Beispiel um Einrichtungen, die durchaus auch im Privatbereich eingesetzt werden können (z. B. Heimcomputer), so sind diese nach der sogenannten Grenzwertklasse B zu entstören. Die der Grenzwertklasse B entsprechenden Funk-Entstörgrenzwerte sind einzuhalten und über die Serie vom Hersteller zu kontrollieren und zu garantieren. Für ein Klasse-B-Gerät kann der Hersteller eine sogenannte Herstellererklärung abgeben, in der er die Einhaltung der Funk-Entstörvorschriften nach positiven Meßergebnissen erklärt.
Handelt es sich bei einem bestimmten Produkt jedoch um eine Einrichtung, die ausschließlich im Nichtwohnbereich eingesetzt wird (z. B. eine industrielle Steuerungseinrichtung), so kann der Hersteller für dieses System eine Zulassung nach Grenzwertklasse A machen. Der Vorteil liegt in den gegenüber Grenzwertklasse B erleichterten Funk-Entstörgrenzwerten, die weniger strikt sind. Der Nachteil besteht darin, daß ein solches System nicht überall eingesetzt werden darf und daß die Funk-Entstörmessungen nach Grenzwertklasse A vom VDE Prüf- und Zertifizierungsinstitut in Offenbach am Main kontrolliert werden müssen.
Die dargestellte Vorgehensweise der Zulassung über die Herstellererklärung nach Grenzwertklasse B bzw. die Zulassung mit Drittzertifizierung nach Grenzwertklasse A sind allgemein gültig.
Darüber hinaus gibt es aber bestimmte Gerätegruppen, die weiteren, über die allgemeine Funk-Entstörung hinausgehenden Festlegungen unterworfen sind.
Dabei sind speziell die NAMUR-Richtlinien zu nennen, die speziell auch Störfestigkeitsanforderungen enthalten und für die Zulieferer der chemischen Industrie relevant sind. Die Chemieindustrie behält sich vor, für die auf ihren Grundstücken eingesetzten elektrotechnischen und elektronischen Geräte und Systeme spezielle EMV-Anforderungen aufzustellen.
Ähnlich verhält es sich, wenn die Deutsche Bundespost Telecom als Kunde von Geräten und Systemen auftritt, die an das öffentliche Netz angeschlossen werden. In diesen Fällen wird vom Hersteller die Einhaltung der EMV-bezogenen Technischen Richtlinien (TR) der Deutschen Bundespost gefordert. Eine wesentliche Richtlinie für informationstechnische Einrichtungen ist die Richtlinie 12 TR 1 der Bundespost. Die an das öffentliche Netz angeschlossenen Geräte sowie Sende- und Empfangsgeräte werden zur Kenntlichmachung des Einhaltens der entsprechenden Bundespostvorschriften mit dem sogenannten Bundespostprüfzeichen versehen (früher FTZ-Serienprüfnummer).

Auf alle Fälle empfiehlt es sich für Hersteller, die sich erstmals mit EMV-Zulassungen befassen, den Kontakt zum VDE Prüf- und Zertifizierungsinstitut in Offenbach am Main bzw. zum Zentralamt für Zulassungen im Fernmeldewesen in Saarbrücken zu suchen.

2 Störfestigkeitsmessungen in der Bundesrepublik Deutschland

Die Untersuchungen und Messungen zur Störfestigkeit sind, bis auf die oben angegebenen Richtlinien der Bundespost, bislang nicht gesetzlich gefordert.
Sehr wohl ist es aber möglich, daß spezielle Kunden Störfestigkeitsanforderungen an den Lieferanten stellen. Die Störfestigkeitsmeßverfahren und Grenzwerte sind in der DIN VDE 0843 Teile 1 bis 4 enthalten (**Bild 5**).

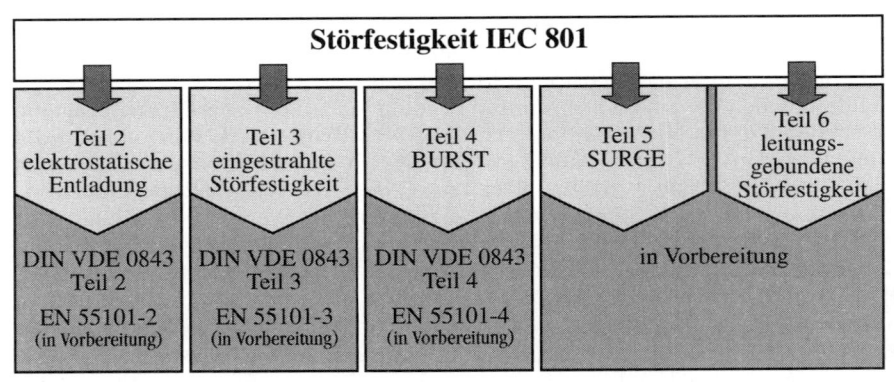

Störfestigkeit IEC 801				
Teil 2 elektrostatische Entladung	Teil 3 eingestrahlte Störfestigkeit	Teil 4 BURST	Teil 5 SURGE	Teil 6 leitungsgebundene Störfestigkeit
DIN VDE 0843 Teil 2	DIN VDE 0843 Teil 3	DIN VDE 0843 Teil 4	in Vorbereitung	
EN 55101-2 (in Vorbereitung)	EN 55101-3 (in Vorbereitung)	EN 55101-4 (in Vorbereitung)		

Bild 5 Messungen zur Störfestigkeit

Vom Standpunkt der Hersteller sei an dieser Stelle ausgeführt, daß die Störfestigkeit eines Geräts oder Systems ein ganz entscheidendes Qualitätsmerkmal des Produkts darstellt.
Hierzu wird es allerdings demnächst erhebliche gesetzliche Änderungen geben. Lesen Sie bitte hierzu die Abschnitte zur neuen EMV-Gesetzgebung in der EG.

3 EMV-Gesetzgebung in der Europäischen Gemeinschaft

Wie allgemein bekannt ist, hat die EG-Kommission das Ziel aufgestellt, bis zum Jahr 1993 den gemeinsamen Binnenmarkt zu errichten. Damit sind eine Vielzahl von Gesetzen und Standards zu harmonisieren.

4 Vergangenheit der EG in bezug auf EMV

Die gesetzlichen Regelungen in den zwölf Mitgliedstaaten der EG waren in der Vergangenheit völlig verschieden. Gesetzliche Anforderungen gab es, wenn

überhaupt, dann nur für Störaussendungsmessungen und nicht für die Störfestigkeit.
Die Bundesrepublik Deutschland war mit ihrem Hochfrequenzgerätegesetz in dieser Beziehung sicherlich ein Vorreiter. Einige andere Länder, wie die Benelux-Staaten, das Vereinigte Königreich und Frankreich, hatten gleichfalls nationale Anforderungen und Festlegungen zur Sicherstellung der Funk-Entstörung. Die Modalitäten für Zulassungen, Kontrolle der zugelassenen Geräte waren allerdings in keinem der Länder gleich.
Andere EG-Staaten haben sich in der Vergangenheit nur formal, ohne jegliche Kontrolle oder überhaupt nicht um EMV gekümmert. Dies ist der zuständigen Unterabteilung der EG-Kommission beim Durchforsten der nationalen Regelungen auf dem Gebiet der Elektrotechnik, in Vorbereitung auf die Herstellung des gemeinsamen Binnenmarkts der EG, aufgefallen.
Die Idee, eine EG-Harmonisierung in bezug auf gesetzliche Vorschriften zur EMV zu forcieren, wurde geboren, und die ersten Entwürfe für ein EG-Gesetz zur EMV wurden 1987 auf den Tisch gelegt. Kaum zwei Jahre dauerte es dann, bis am 3. Mai 1989 die Rahmenrichtlinie der EG zur EMV als Gesetz erlassen werden konnte. Diese Zeit wurde zu intensiven Diskussionen zwischen der EG-Kommission, speziell dem Generaldirektorat III für Handelsfragen, dem Europaparlament und interessierten Fachkreisen der Industrie und Behörden genutzt.
Aufgrund der Römischen Verträge aus dem Jahr 1957 ist jede Nation gehalten, ihr nationales Recht dem EG-Recht anzupassen, wenn es auf dem jeweiligen Gebiet ein EG-Recht gibt. Speziell ist es nicht zulässig, daß nationales Recht dem EG-Recht entgegensteht.
Das gilt auch für den Bereich der EMV und die Rahmenrichtlinie für EMV.
Es soll nun auf die Anforderungen und Festlegungen der Rahmenrichtlinie für EMV näher eingegangen werden (**Bild 6**).

EMV-Gesetzgebung und Vorschriften in der EG		
Richtlinien des Rates vom 3. Mai 1989 zur Angleichung der Rechtsvorschriften der Mitgliedsstaaten über die Elektromagnetische Verträglichkeit		
Europäische Normen für EMV		
EN 55011 EN 55022 EN 55101-2 EN 55101-3	ISM ITE ESD gestrahlte Störfestigkeit	Normenkomitee CENELEC TC 110

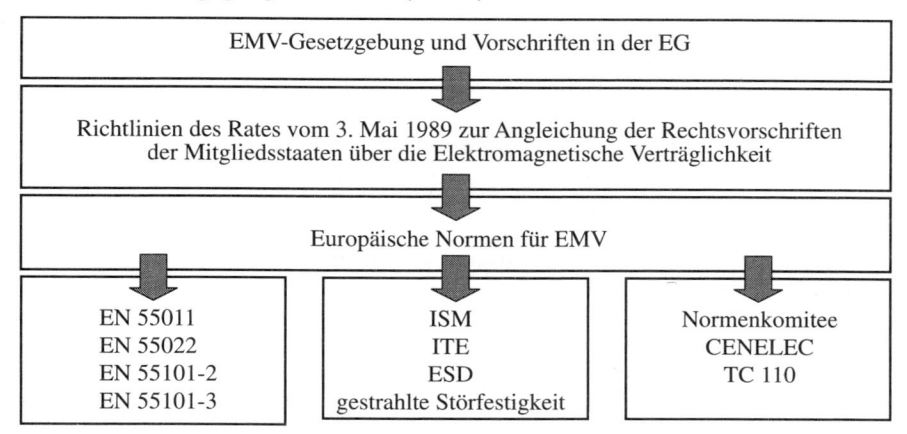

Bild 6 EMV ab 1992 in Europa

5 Rahmenrichtlinie der EG für EMV

Die Schaffung des internen gemeinsamen Markts der EG ab 1992 ist mit einer gewaltigen Zahl von neuen Anforderungen und Richtlinien verknüpft, unter denen die EG-Rahmenrichtlinie für EMV nur eine ist.
Nach 18monatigen Diskussionen zwischen der EG-Kommission und dem Europäischen Parlament unter Einbeziehung interessierter Fachkreise, wie z. B. der European Computers Manufacturers Association (ECMA), wurde die EG-Rahmenrichtlinie für EMV in ihrer endgültigen Version mit Datum vom 3. Mai 1989 im Amtsblatt der Europäischen Gemeinschaft veröffentlicht – Kennziffer L 139/19, Richtliniennummer 89/336/EWG.

6 Grundlegende Ziele der EG-Rahmenrichtlinie für EMV

Die Rahmenrichtlinie besteht aus 13 Artikeln und drei Anhängen und betrifft alle Arten von elektrischen Geräten, die in der EG hergestellt bzw. verkauft werden oder die vom Rest der Welt in die EG importiert werden.
Im Anhang III der Rahmenrichtlinie sind die Gerätearten aufgezählt, bei denen die Rahmenrichtlinie anzuwenden ist:
- private Ton- und Fernsehrundfunkempfänger,
- Industrieausrüstungen,
- mobile Funkgeräte,
- kommerzielle, mobile Funk- und Funktelefongeräte,
- medizinische und wissenschaftliche Apparate und Geräte,
- informationstechnologische Geräte,
- Haushaltsgeräte und elektronische Haushaltsausrüstungen,
- Funkgeräte für die Luft- und Seeschiffahrt,
- elektronische Unterrichtsgeräte,
- Telekommunikationsnetze und -geräte,
- Sendegeräte für Ton- und Fernsehrundfunk,
- Leuchten und Leuchtstofflampen.

Artikel 4 der Rahmenrichtlinie legt die sogenannten »Schutzziele« des Dokuments fest:
Alle oben genannten Gerätearten sollen so konstruiert und hergestellt sein, daß:
- die Erzeugung elektromagnetischer Störungen soweit begrenzt wird, daß ein bestimmungsgemäßer Betrieb von Funk und Telekommunikationsgeräten sowie sonstigen Geräten möglich ist;
- die Geräte eine angemessene Festigkeit gegen elektromagnetische Störungen aufweisen, so daß ein bestimmungsgemäßer Betrieb möglich ist.

Die Rahmenrichtlinie erfordert somit sowohl Störaussendungsuntersuchungen als auch Störfestigkeitstests. Die neu geforderten Störfestigkeitstests sind eine entscheidende Ausweitung gegenüber den gesetzlichen Anforderungen in bezug auf EMV, wie sie bislang in einigen EG-Staaten bestanden.
Die elektrotechnische Industrie steht zu gesetzlich geforderten Störfestigkeitsrichtlinien mehrheitlich auf dem Standpunkt, daß es hierfür keiner Gesetzesre-

gelungen bedarf, da es sich bei der Störfestigkeit eines Geräts um ein wesentliches Qualitätsmerkmal und damit ein im Herstellereigeninteresse unbedingt zu berücksichtigendes Moment handelt. Ungeachtet dieser Industrieinteressen war die Europäische Kommission nicht bereit, den Passus zu Störfestigkeitsuntersuchungen aus der Rahmenrichtlinie zu entfernen.

Die Rahmenrichtlinie gibt ihrerseits keine detaillierten Informationen, welche technischen Standards (Europäische Normen) in der Zukunft anzuwenden sind, um die Konformität eines Produkts mit der Rahmenrichtlinie nachzuweisen. Hierzu müssen zusätzliche Informationen in Form von EMV-bezogenen Europäischen Normen gegeben werden.

Im Artikel 7 bezieht sich die Rahmenrichtlinie auf sogenannte »harmonisierte Standards«. Mit dieser Wortwahl ist nichts anderes gemeint als EMV-bezogene Europäische Normen (EN). Für etliche Bereiche der EMV gibt es schon EN, und für die Emissionsmessungen ist die Europa-Normung im wesentlichen abgeschlossen.

Es gibt hier bislang die EN 55 011 für industrielle, wissenschaftliche und medizinische Geräte, die EN 55 014 für den Bereich der Haushaltsgeräte und die EN 55 022 für informationstechnische Einrichtungen und Geräte, worin die Datenverarbeitungsanlagen und Telekommunikationssysteme enthalten sind. Diese Europäischen Normen entsprechen in weiten Teilen den IEC/CISPR-Publikationen 11, 14 und 22, die weltweite Gültigkeit besitzen.

Auf dem Gebiet der Störfestigkeit ist die Situation zur Zeit noch nicht ganz so klar.

Die europäische Organisation, verantwortlich für die Etablierung von Europäischen Normen auf dem Gebiet der Elektrotechnik, ist die CENELEC in Brüssel.

Die CENELEC wurde im Herbst 1988 von der EG-Kommission beauftragt, die noch fehlenden EN rechtzeitig bis zur Schaffung des gemeinsamen Binnenmarkts 1992 zu schaffen, um keine rechtsfreien Räume zu hinterlassen. Nur wenn es auf dem speziellen Gebiet eine EN gibt, sind die Mitgliedstaaten gezwungen, ihre nationale Normung daran auszurichten. Gibt es keine EN, so kann jeder Staat eigene Vorschriften erlassen. Das gilt natürlich auch für die Störfestigkeit.

Die CENELEC hat im Februar 1989 das Technische Komitee TC 110 ins Leben gerufen. Die Zeitpläne dieser Arbeitsgruppe sehen vor, bis Ende 1991 alle fehlenden EN für EMV fertigzustellen, was eine Menge Arbeit beinhaltet.

Es besteht guter Grund zur Hoffnung, daß die Arbeit im TC 110 in bezug auf die Störfestigkeit sich auf die IEC-Standards, wie sie in der IEC-Richtlinie 801 festgelegt sind, gründen wird. Damit sollte die EG in der Zukunft auch bei der Störfestigkeit keinen Alleingang machen, oder sich anders als die USA oder Japan entwickeln. Die IEC-Richtlinie 801 besteht aus sechs Teilen, von denen die Teile 801-2 (Elektrostatische Entladung), 801-3 (eingestrahlte HF) und 801-4 (Burst-Störungen) die größten Chancen haben, zu europäischen Normen erhoben zu werden. Die endgültigen EN 55 101-2, EN 55 101-3 und EN 55 101-4 sind bislang allerdings noch nicht fertiggestellt.

Wichtig ist aus der Sicht der Hersteller, daß sich in Europa keine vom Rest der Welt abweichenden Testmethoden durchsetzen, auch wenn man von Fall zu Fall über Grenzwerte streiten kann.
Nach den Römischen Verträgen sind die EG-Staaten, wie bereits erwähnt wurde, dazu verpflichtet, ihr nationales Recht den EN anzupassen, falls es EN für ein spezielles Gebiet gibt. Hierfür sind allerdings keine genauen Übergangszeiträume festgelegt, so daß auch nach 1992 noch mit gewissen Übergangsfristen in einigen Ländern zu rechnen ist (siehe Abschnitt EMV-Gesetzgebung in der Bundesrepublik Deutschland).
Früher oder später wird sich dies aber entwickeln, und die EG wird einheitliche EMV-Anforderungen für Störaussendung und Störfestigkeit besitzen. Damit werden Wettbewerbsnachteile aufgehoben, und es wird eine einheitliche Prozedur für Tests und Zulassungen entstehen.
Durch die enge Assoziation mit der EG wird man davon ausgehen können, daß auch die EFTA-Staaten sich an die EG-Vorgehensweise anlehnen werden.

7 Wie man nach der EG-Rahmenrichtlinie für EMV verfahren muß

Zur Zeit existierende nationale Standards, Normen und Zulassungsverfahren, die der EG-Rahmenrichtlinie für EMV bzw. den EMV-bezogenen EN irgendwie entgegenstehen bzw. widersprechen, müssen durch die Staaten zurückgezogen werden.
Auf der anderen Seite kann der Gesetzgeber in den einzelnen EG-Staaten spezielle Vorkehrungen und Maßnahmen treffen, wenn man das Gefühl hat, daß dies notwendig ist. In jedem solchen Fall muß der Mitgliedstaat aber die Europäische Kommission hiervon in Kenntnis setzen. Die Sondermaßnahmen sind zu begründen, und die Kommission hat das Recht, diese abzulehnen.
Im Falle einer solchen Ablehnung darf der Mitgliedstaat die Sondermaßnahme nicht weiter ausführen bzw. fordern.
Jeder Mitgliedstaat hat sich an die in Artikel 4 der Rahmenrichtlinie festgelegten Schutzziele zu halten, und er ist verpflichtet, der EG-Kommission die Fundstelle und Nummern seiner nationalen Standards zu benennen, welche die EN in dem jeweiligen Land umsetzen bzw. diesen entsprechen. Diese Angaben der Mitgliedstaaten werden im Offiziellen Journal der Europäischen Gemeinschaften veröffentlicht.
Für den Fall, daß es in einem Bereich noch keine harmonisierten Standards gibt, sind die Mitgliedstaaten berechtigt, ihre eigenen Anforderungen aufzustellen. Auch in so einem (unwahrscheinlichen) Fall sind der EG-Kommission die entsprechenden Fundstellen zu benennen, die gleichfalls im Offiziellen Journal der EG veröffentlicht werden. Dies ist in Artikel 7 festgelegt.
Artikel 8 gibt Hinweise auf die Vorgehensweise im Streitfall. Die Direktive 83/189/EEC begründet das sogenannte »ständige Komitee« der EG-Kommission, und sowohl ein Mitgliedstaat als auch die EG-Kommission kann dieses Komitee anrufen, um z. B. zu entscheiden, ob ein nationaler Standard im Falle des Nichtvorhandenseins einer EN auf dem speziellen Gebiet im Einklang mit

den Schutzzielen aus Artikel 4 steht oder nicht. Fällt eine solche Entscheidung zuungunsten eines nationalen Standards aus, so ist er zurückzuziehen.
Der Artikel 10 ist für die Hersteller von besonderem Interesse. Im Paragraph 10.1 wird die Vorgehensweise für den Fall beschrieben, daß man beim Test eines Geräts nur harmonisierte Standards angewendet hat. In solch einem Fall ist der Hersteller des Produkts, das in der EG vermarktet werden soll, oder sein in der EG ansässiger autorisierter Vertreter (z. B. Importeur) berechtigt, eine Herstellererklärung auf Einhaltung der EG-Rahmenrichtlinie abzugeben. Diese Erklärung ist zusammen mit dem EMV-Testreport für zehn Jahre nach Auslieferung des Produkts zur Verfügung zu halten.
Sodann ist das neue EG-Konformitätszeichen für EMV auf dem getesteten Objekt selbst oder auf seiner Verpackung oder den mitgelieferten Unterlagen anzubringen.
Falls keine harmonisierten Standards vorhanden sind, oder falls das Testobjekt nach nicht harmonisierten Standards getestet worden ist, muß von dritter Seite ein Gutachten eingeholt werden, um das Gerät in der EG verkaufen zu dürfen.
Dies bedeutet klar eine Zertifizierung durch eine dritte Partei, unter Umständen sogar einen Test durch Dritte.
Die Kommission hat eine Liste von Prüfstellen veröffentlicht, die solche Gutachten abgeben und Drittzertifizierungen durchführen können. Diese Liste wird ständig aktualisiert.
In jedem Falle bedeutet eine Drittzertifizierung Zulassungsverzögerungen, die von den Herstellern einzukalkulieren sind.
Ein großes Problem stellt auch § 10.4 dar, da hier für Telekommunikationsgeräte ausschließlich eine Zulassung einschließlich der Tests durch Dritte vorgeschrieben ist. Diese Vorgehensweise bezieht alle Geräte ein, die in der EG-Richtlinie 86/361/EEC enthalten sind.
Nur zugelassene Stellen sind berechtigt, EG-Konformitätserklärungen und EG-Konformitätszeichen für Telekommunikationsgeräte zu vergeben (EG-Baumusterbescheinigung).
Jeder Mitgliedstaat hat diese zugelassenen Stellen der EG-Kommission mitzuteilen, und diese werden im Offiziellen Journal der EG veröffentlicht.

8 EG-Konformitätserklärung für EMV

Im Anhang 1 der Rahmenrichtlinie wird einiges zur EG-Konformitätserklärung gesagt. Folgende Informationen müssen enthalten sein:
- eine Beschreibung des Geräts, auf das sich die Konformitätserklärung bezieht;
- die Spezifikationen, nach denen der EMV-Test gemacht wurde sowie deren Fundstellen;
- eine rechtsverbindliche Unterschrift *und*
- gegebenenfalls die Fundstelle der von einer gemeldeten und von der EG veröffentlichten Stelle ausgestellten EG-Baumusterbescheinigung.

9 EG-Konformitätszeichen

Das EG-Konformitätszeichen für EMV soll aus dem Kurzzeichen »CE« bestehen.
Außerdem ist die Jahreszahl anzugeben, in der das Zeichen erstmalig für das spezielle Gerät erteilt wurde.
Wurde durch eine der EG gemeldeten Stellen eine EG-Baumusterbescheinigung ausgestellt, so ist das Kennzeichen der Stelle zusätzlich anzugeben.
Das CE-Zeichen sieht wie folgt aus:

Bild 7 EG-Konformitätszeichen für EMV

10 Bedingungen, die von den gemeldeten Prüfstellen eingehalten werden müssen

Die Mitgliedstaaten sind berechtigt und verpflichtet, der Kommission und den anderen Mitgliedstaaten Stellen zu benennen, die EG-Baumusterbescheinigungen ausstellen dürfen. Diese Stellen werden in einem Verzeichnis im Amtsblatt der Europäischen Gemeinschaft geführt, und dieses Verzeichnis wird ständig aktualisiert.
Es muß gleichfalls mitgeteilt werden, welche Gerätebereiche, die von der Richtlinie für EMV erfaßt sind, von der jeweiligen Stelle zertifiziert werden können. Es kann auch der gesamte Gerätebereich sein.
Die gemeldeten Prüfstellen müssen gewisse Anforderungen einhalten, damit sie von der EG-Kommission anerkannt werden (Anhang II der Rahmenrichtlinie):
- qualifiziertes Personal, Mittel und Ausrüstungen müssen vorhanden sein;
- technische Kompetenz und berufliche Integrität des Personals;
- Unabhängigkeit der Führungskräfte und des technischen Personals von allen Kreisen, Gruppen und Personen, die direkt und indirekt an der Vermarktung des Produkts interessiert sind *und*
- Erhaltung des Berufsgeheimnisses durch das Personal.

11 Schlußfolgerungen

Die EG-Rahmenrichtlinie für EMV wird ab dem 1.1.1992 gelten. Damit gilt in Westeuropa erstmals eine einheitliche Vorschrift auf diesem Gebiet. Die Mitgliedstaaten der EG sind gehalten, bis zum 30.6.1991 die erforderlichen nationalen Regelungen zu erlassen, was bislang nur in Dänemark passiert ist.

12 Die weitere EMV-Gesetzgebung in der Bundesrepublik Deutschland

Wie in der Rahmenrichtlinie der EG festgelegt, ist auch in der Bundesrepublik Deutschland die entsprechende Gesetzgebung auf dem Wege. Das neue EMV-Gesetz der Bundesrepublik Deutschland war zum Zeitpunkt der Manuskriptabgabe für dieses Buch noch nicht erschienen. Allerdings lag dem Autor der Entwurf für dieses Gesetz vor, so daß hieraus einige Prognosen für die Zukunft möglich sind. Federführend bei der Erarbeitung des Entwurfs für das deutsche EMV-Gesetz war das Bundesministerium für Telekommunikation, als die für die EMV-Gesetzgebung in der Bundesrepublik Deutschland zuständige Stelle. An den Formulierungen des deutschen EMV-Gesetzes, das in den wesentlichen Passagen mit der EG-Rahmenrichtlinie für EMV übereinstimmt und entscheidend auf dieser basiert, waren aber auch eine Reihe anderer interessierter Organisationen, wie die DKE, der VDMA und der ZVEI, beteiligt. So konnte auch die Industrie einen gewissen Einfluß auf den Gesetzentwurf nehmen.

Ganz wesentlich ist in Korrelation mit den derzeitigen Intensionen der EG-Kommission die Absicht, der Industrie noch eine Übergangsfrist bis zum 31.12.1995 einzuräumen (siehe Amtsblatt der Europäischen Gemeinschaft Nr. 91/C 162/08 vom 21.06.1991). Dies ist zwar zur Zeit in der EG-Kommission noch nicht entschieden und bedarf der Zustimmung des Europaparlaments, die noch aussteht, aber aus Sicht der europäischen Industrie wäre eine solche Vorgehensweise durchaus von Vorteil.

In der Zeit vom 1.1.1992 bis zum 31.12.1995 hätten die Hersteller dann die Möglichkeit, entweder entsprechend der Rahmenrichtlinie für EMV zu verfahren oder aber die am 31.12.1991 in den einzelnen Staaten geltenden gesetzlichen Regelungen in Anspruch zu nehmen. Letzteres würde in vielen Fällen zumindest ein Aussetzen der Störfestigkeitsmessungen bedeuten, was natürlich vordergründig erst einmal von Vorteil ist.

Andererseits läßt sich unschwer voraussehen, daß ein 1992 in der Bundesrepublik Deutschland nach den alten deutschen Bestimmungen des Hochfrequenzgerätegesetzes zugelassenes Gerät Probleme bei der Einfuhr in andere EG-Staaten haben könnte, da es ja das CE-Zeichen in diesem Fall nicht tragen darf. Nur das CE-Zeichen garantiert aber den freien Vertrieb eines elektrotechnischen Produkts in allen Ländern der EG. Diese Möglichkeit sollte man in Betracht ziehen.

Im weiteren steht zu vermuten, daß insbesondere die im Elektronikbereich starke Konkurrenz aus Ostasien schon frühzeitig, d. h. in vielen Fällen, schon ab

Anfang 1992, alle Geräte mit CE-Zeichen, d. h. EMV-entstört, nach den neuesten Richtlinien, auf den europäischen Markt bringen wird.
Damit würde sich ein fast uneinholbarer Vorsprung der dortigen Hersteller gegenüber der europäischen Industrie ergeben.
Auf keinen Fall sollte die europäische Industrie die Übergangsperiode, falls es dazu kommt, ungenutzt vergehen lassen! Wer sich heute nicht zur EMV bekennt und darin investiert, wird es auch bis Ende 1995 wahrscheinlich nicht tun. Dann aber ist es zu spät, und die Produkte dürfen nicht mehr vertrieben werden. Dies muß jedem Produktverantwortlichen und QS-Manager klar sein.
Bei der Frage nach den bestehenden Altgeräten, die vor dem 31.12.1991 erstmals in den Verkehr gebracht worden sind, ist zur Zeit keine Nachentstörung bzw. nachträgliche Zertifikation vorgesehen. Es ist davon auszugehen, daß diese Geräte, Systeme und Anlagen aufgrund des technologischen Fortschritts in einigen Jahren keinen Markt mehr haben und somit vom Markt verschwinden werden.

13 Schlußbemerkungen

Die zur Zeit noch existierenden deutschen VDE-Bestimmungen, die im Gegensatz zu den Europäischen Normen für EMV stehen, müssen in der nächsten Zeit an die EN angepaßt werden. In jedem Falle sind die EN verbindlich.
Somit ist sichergestellt, daß im gesamten Bereich der EG einheitliche EMV-Gesetze und Zulassungen entstehen, womit Marktverzerrungen vermieden werden und eine einheitliche Behandlung der Hersteller und ihrer Produkte gewährleistet wird, egal, ob die Produktion in Schottland oder auf Sizilien, in Malaga oder in Dresden liegt.